实用
人格心理学
入门

SHIYONG
RENGE XINLIXUE
RUMEN

周晴——著

中国法制出版社
CHINA LEGAL PUBLISHING HOUSE

前言 PREFACE

当我们在人群中观察他人时，也许会发现人和人之间原来存在很大的差异性。有些人是内向的，有些人是外向的；有些人个性随和，情绪稳定，而有些人则冷若冰霜，易暴易怒。这些差异就是由个体所具有的不同的人格造成的。

那么，人格究竟是什么呢？

人格是一个心理学术语，简单来说就是一个人的个性。人的个性和人格是心理特征、兴趣爱好、行为、能力、气质、性格等因素的总和，决定了一个人在对人、对事、对己等方面所具有的行为特征和心理特征。

每个人的人格都是长期而稳定的存在，人格就是具有动力一致性和连续性的自我。人格心理学既是研究人类和人类行为的一个基本课题，也是心理学中较为复杂的理论问题之一。因为人格不简单指一个人的性格，还包括其信念和自我观念。不同的人格组成，形成了每个人独特的人格特质。这种独特性使得每个人在同一种情况下可能会做出不同的反应。

瑞士著名心理学家卡尔·荣格说过："人格是一个浩瀚而神秘的系统，人的内心世界就像宇宙一样，人生最伟大的探险就是对内心世界的探索。"也有心理学家认为每个人的人格都有公开的一面和隐藏的一面，所以，人格也是一个人了解自我的最关键的一把钥匙。了解自己的人格，就可以了解自己对外界事物的感知和理解，是受到了什么样的心理机制的影响。这样，我们就会了解自己的人格倾向性，了解自己的行为和心理产生的根本原因。

学习过人格心理学理论的人，也许会产生这样一种困惑，人格测试真的靠谱吗？一张图表或者一段文字真的可以定义我们的人格吗？

在这里还是想提醒大家一句，虽然人格是了解自我的重要途径之一，但是人格理论只是了解自身的工具，而不是套住自我的枷锁。认识人格和认识自我是一个漫长的过程，可能需要花费我们一生的时间去探索自己的内心，寻找自己的答案。

所以，即使我们了解和学习了相关的人格理论，也不要轻易用人格测试的结果给自己贴上标签，只有多维度、多方面地感受自己才是认识自我最好的方式。

目录 CONTENTS

CHAPTER 01

第一章

人格初探，揭开人格的神秘面纱

心理学中的人格：一场艰难的拼图游戏

人格一词来源于希腊语 Persona，最早指的是演员在舞台上戴的面具。后来这一概念被引入心理学领域，人格也就成了一个专门的心理学术语。心理学认为，人格是个体在适应社会时，在行为上的内部倾向性和心理特征，包括对人、对事、对己等各个方面。美国社会学家杰瑞·伯格在自己所著的《人格心理学》一书中也针对人格给出了一个定义，他认为人格是源于个体自身的稳定行为方式和内部过程。这两个定义虽然并不完全相同，但是都包含了行为方式和内部倾向两个方面。

稳定的行为方式是人格的主要特征之一，也是人格的主要表现形式。每个个体在其人格的支配下都有一个相对稳定的行为模式，这个稳定性是跨时间、跨情境存在的，不会轻易发生改变。好比性格开朗的人虽然也会有情绪低落的时候，但开朗的个性决定了这个人的情绪在整体上是乐观的，不会因为一时的挫折就永远消沉下去。而一个悲观的人不论所处的环境有多好，可能也无法丢掉“居安思危”的习惯，不敢太过放松自己。所以，人们对所处情境的反应基本上是稳定的，因此每个人的人格也具有某种稳定性。

人格的内部心理倾向则完全是一种内部过程，这个过程和受外部环境影响的行为方式不同，这个过程中，个体的一切行为选择都是受内心的情绪和动机的影响而产生的。这些过程中，有些是人们共有的，像一些负面情绪，如恐惧、焦虑等，每个人在体验到这些情绪时的感受和应对都是相似的。能否利用内部过程更好地适应外部环境是个体人格的差异所在，对每个人的性格形成也起着决定性的作用。

稳定的行为方式和内部心理过程都是人格在个体身上的表现，这两个方面受外部环境的影响都比较大。比如，父母的教育方式、学校的学习氛围以及将来的工作环境对每个人的人格形成都有着不可磨灭的影响。可以说，我们遇到某件事时的情绪反馈也来自我们记忆深处对类似事件的一种反应。

总体来说，人格表现为一个人的能力、性格、动机、兴趣、价值观和气质等方面，是这个人在社会化过程中形成的独特的具有动力一致性和连续性的自我。整体性、稳定性、独特性和社会性是人格的四大基本特征。

小芸是一名即将毕业的大四学生，她成绩优异，为人热情，一直是大家眼中的天之骄女。因为友善热情，喜欢交友，小芸在学校里朋友很多，课余活动也很丰富。但是毕业在即时，小芸却在找工作的过程中屡屡碰壁，她没想到自己作为一个受人欢迎的优等生，到了找工作时却不怎么受欢迎了。这是为什么呢？

原来，小芸的遭遇与她的性格有很大关系。小芸在读小学的时候，父母就因感情不和离婚了，之后小芸便跟母亲过起了单亲家庭的生活。小芸从小就很懂事，知道帮母亲分担家庭责任，所以养成了独立好强的性格。她个性张扬又固执己见，从不轻易接受别人的建议，只要是自己觉得正确的事就会争执不休。在找工作的过程中，小芸很容易和面试官争论一些自己不认同的观点，因此也失去了很多比较好的机会。而她自己又不能接受自己不感兴趣的工作，所以直到毕业，小芸也没找到心仪的工作。

因为找工作不顺利，小芸变得越来越焦虑，她也慢慢意识到自己的问题，

但就是无法克服，不知道该怎么解决。

显而易见，小芸容易焦虑、过于固执的性格都是她人格的体现，这样的人格特点也决定了她的行为选择，正是不恰当的行为选择才给小芸的人际关系带来了很多问题。

小芸的人格只是众多人格类型中的一种，人格有很多种类型，不同的理论体系对人格的分类是不一样的。我们想正确而完整地认识自己的人格，就需要像玩拼图游戏一样，参考不同的人格类型理论，辨别自己的人格特征，把自己的人格拼凑完整。

心理学中，研究人格理论的学者主要分为六个流派，他们的研究从产生稳定行为方式和人际过程的根源出发，提出的理论几乎囊括了主流领域的所有人格理论。这六个流派分别是精神分析学流派、物质学流派、生物学流派、人本主义流派、行为主义与社会学习理论流派和认知学流派。

很多人格理论都可以在这六个流派中找到解释，这六个人格流派中没有哪个流派是绝对正确的，有时候一个流派的理论在解释人格的某一部分时是正确的，而在解释人格的另一部分时又有所偏颇了。

因此，人格的六个流派在人格心理学研究方面都有其合理性，每个流派都能在某种程度上帮助我们理解自己的人格是如何形成的，是什么原因使我们成为自己，帮助我们完成这场艰难的人格拼图游戏。

独特的人格：人心不同，各如其面

独特性是人格的基本特征之一，每个不同的个体都有自己独特的人格，这也是个体间的差异所在。个体之间的人格差异实质上是性格的差异，性格促使个体产生了一种习惯化的行为方式，这种行为方式也表现出了一个人的人格特征。

虽然人格是一个人应对现实时的稳定态度，稳定性也是人格的特征之一，但是每个人的性格并不是一成不变的，而是具有可塑性的。性格是个体在成长中慢慢形成的，如果一个人的生活环境发生了重大变化，那么他的性格特征也会出现显著的变化，这些变化就体现在了这个人人格的独特性上。

个体间的差异性是客观存在的，每个人都有自己不同的性格，这些性格既不会完全重合，也不会完全不同，因此每个人的性格都是独特的、复杂的统一体。比如，有的人性格开朗大方，在社交场合总是如鱼得水，是天生的社交家；而有的人就内向木讷，不善言辞，社交场合就是他的修罗场，别人的热情只会让他不知所措，这类人大多宁愿宅在家里刷剧也不愿出门参加各种聚会。可见，性格的独特性是人格独特性最突出的体现。

一个人的人格形成过程是相当复杂的，如果两个人在遗传、生存环境、教育环境等方面存在明显差异，那么这两个人就会形成各自独特的人格特征。没有哪两个人的人格是完全一样的，所谓“人心不同，各有其面”，这就是人格独特性的鲜明写照。

不过，虽然一个人的人格不可能与他人完全一样，但是差异性并不会导致这个人和其他人完全不一样。人格独特性的本质就是共同性与差异性的统一、生物性与社会性的统一，比如，相同民族或相同阶层的人在心理上、面貌上就会存在相同的地方。

小谷最近应聘了一家广告公司，进入了自己非常喜欢的行业。入职后，小谷的工作热情高涨，经常主动加班来完成手头的项目。同事们见小谷工作那么认真也都很喜欢他，但是小谷并没有从同事的喜爱中得到什么好处，反而觉得自己成了冤大头。因为小谷发现自己手头上的工作越来越多，有时候连打印、复印这种琐碎的工作也会被同事塞过来，而一旦小谷表现出不乐意，就会有个别同事埋怨他，说他这点小忙都不愿意帮。跟小谷同期进公司的小度从不加班，也不喜欢分担同事的工作，部门的同事却对他客客气气的，从来没让他干过什么杂活。

小谷一开始不明白自己做错了什么，为什么自己的礼貌客气反而让自己受到了不公平的待遇。小谷观察了一段时间后终于有了结论，他跟小度受到同事待遇不同的最大原因是他俩的性格不同。小度看上去是一个大大咧咧的人，但是他非常坚持自己的原则，如果是自己分内的事，他就会又快又好地完成，如果是不属于自己职责范围的工作，小度也会毫不犹豫地拒绝。可小谷却有着不会拒绝别人的性格，他有些内向木讷，不太擅长与别人沟通，即使是处于青春期躁动的年龄段里，他也比较安静。他不知道怎样巧妙地迎合别人，与别人沟通时总是不自然，甚至有时候会变得手忙脚乱，不知所措。这样的性格导致他总是不自觉地去讨好别人，不愿拒绝别人提出的各种要求。小谷意识到自己的问题后感到很苦恼，但他不知道如何克服性格里的软弱本能，更不知道该怎么解决自己的问题。

小谷之所以会苦恼，就是因为他知道了自己的性格里有软弱的地方，但是他不知道该如何改变自己，让自己变得自信起来。

一个人的性格是长期形成的，并不是一朝一夕就可以做出改变的，每种性格都有各自的优点，我们如果察觉到自己存在的性格缺陷也不必太过焦虑，因为每个人都应该尊重别人的性格，尊重各自的不同。我们应该多去发现自己性格中的闪光点，比如小谷虽然是一个内向的人，但是他的认真和善却是别人很难做到的。

当然，我们可以在认识到自己的不足时试着做出改变，但完全没必要把自己改变得面目全非。我们可以向优秀的人学习，在工作中、生活中，不断“进化”。需要注意的是，这种“进化”应该是适合自己的，而不是对自己的一种强行撕裂。保留自己的优点，接受自己的小缺点才是正视自己不足的最好的态度。

完整的人格：不同人格元素的有机统合

完整的人格是由多种不同的人格元素有机组成的。我们可以了解到人格包含着丰富的内涵，反映了个体的多种本质特征。个体只有具备完整的人格才可以拥有健全的人格，心理健康的目标之一是培养健全的人格。从心理学家提出的各种人格理论中，我们可以得知健全人格应包括以下几个方面。

1. 人格的各结构要素没有明显的偏差和缺陷；

2. 有相对完整统一的心理特征，没有出现自我同一性的混乱；

3. 人格的核心是积极进取的，可以有效支配自己的行为。

除此之外，智力、情绪、意志、行为、人际关系、心理特点等因素也是反映个体人格完整、健全的重要考量方面。

小宣是个性格比较极端的女孩，只要是她不喜欢的人和事，她就坚决认为是不好的。比如，她读书时很不喜欢同寝室的小美，因为她觉得小美跟谁关系都很好，看起来很不真诚。她之所以会这么想是因为她以前遇到过这么一个八面玲珑的朋友，这个朋友看上去跟她关系很好，背地里却为了讨好别的朋友而偷偷说她的坏话。小宣从此就有了一个刻板认知，那种和谁都玩得很好的人一定是虚伪的。

因为不喜欢小美的热情，小宣一直对小美有些冷淡。等到毕业的时候，大家都忙着找工作时，小美找了一些各地的招聘信息，热心地分享到了宿舍群里供大家选择。小宣在小美分享的招聘信息里看到了老家的一些公司，只是她觉得小美肯定是随便找了一些公司的信息发给大家，好让别人觉得她是个好人，所以小宣根本就没有仔细看那些公司信息。

可是，让小宣没想到的是，真的有两个同学因为这些信息接到了大公司的面试通知，而且其中一个同学很快就通过了初试。小宣这才想起来去认真看一下这些信息，结果发现群里分享的那些公司都是有实力的大公司。但是等她去投简历的时候，老家的那几家公司早已结束招聘了。

小宣有些后悔，就和朋友抱怨了这件事。朋友听完后，苦口婆心地劝慰她说："其实，你没有那么了解小美，只是因为自己的偏见就觉得她虚伪，这是不对的。偏见可以说是你人格里的缺陷部分，你不应该让这个缺陷主导你的行为。"

小宣仔细思考了朋友的话，她觉得朋友真的很了解自己。她确实被自己的偏见蒙蔽了双眼，变成了一个极端的人。她认真反思了自己的缺点，决定先从改变自己的偏见做起，只有拒绝被人格中的消极因素影响，才能让自己拥有完整的人格。

小宣先入为主地认为小美是一个虚伪的人，是因为她以前受到过伤害，所以有了一个不好的认知。小宣把这种不好的认知以期待和预判的方式投射到了小美的身上，然后她就集中注意力搜寻与这种认知有关的细节，这就好比拿着放大镜找问题。小宣的这种极端心理就是人格缺陷的一种表现，她的人格不是积极进取的，所以无法有效支配自己的行为。

现实生活中，拥有完整人格的人都有哪些表现呢？

首先，拥有完整人格的人都是能够接纳自我的。只有做到接纳自我，才不会因为自卑情绪造成人格缺陷。当然，也要谨记一点，接纳自我并不等于夸大自己的优点，建立自信也不等于盲目自大，只有客观地认识自己的优缺点，才不会像案例中的小宣一样，只看到自己的优点，而看不到别人的长处。

其次，人格健全完整的人一般都有着稳定而良好的心态。他们在遇到任何事时，都可以保持积极乐观的态度，不会因为一时的困难就否定自己，也不会因为别人的负面评价就给自己下一个不好的定义。所以，稳定而良好的心态是人格健全的重要因素之一，只有具备这一因素才能让自己迈开成功的第一步。

最后，人格健全的人一般都有着正确的三观。正确的三观是他们客观看待问题，正确解决问题的关键。

稳定的人格：江山易改，禀性难移

一个人在成长的过程中会逐渐形成属于自己的独特的心理特征，这种心理特征也是人格的一部分。个体的人格心理特征形成后便很难改变，除非遇到重大的生活变革，否则这种人格心理特征会长期处于稳定之中。但是如果一个人在没有明显外部原因的情况下，他的人格出现了变化，说明这个人的心理活动可能出现了异常。因此，人格的相对稳定性原则，也是个体出现心理异常的一个信号，是区分心理正常与心理异常的三原则之一。

所以，一个人的心理健康状态也可用来判断这个人的人格稳定性是不是出现了问题。如果一个人平时待人热情，对谁都很有礼貌，不知什么原因忽然变得冷漠起来，那么我们就可以怀疑这个人的人格稳定性出现了问题。因为当一个人出现明显的个性变化时，有可能说明他的精神活动和心理状态偏离了正常的轨道，其人格已经不具备相对稳定性了。

小禾从小就是出了名的天之骄女，读重点高中时也一直保持着年级前三的好成绩。成绩一直名列前茅的小禾在同学眼中就像天才一样，同学们经常会拿一些不懂的题目去请教小禾。小禾每次都耐心地为同学们讲解各种难题，从来没有表现出不耐烦。小禾不仅成绩优异，而且还会各种才艺，学校举办的晚会中都能看到她的身影。因为她既会跳舞，又会拉小提琴，所以学校一旦有表演活动要举办，班主任第一个想到的人选就是她。

小禾成长得如此优秀，和妈妈的辛苦付出是分不开的。小禾的妈妈是一个非常温柔的人，她很注重培养小禾的独立性，从来没有打击过小禾，也没有粗暴否定过她的任何想法。小禾学习才艺时，也是妈妈一直陪在她的身边。在关爱中长大的小禾没有辜负妈妈的期望，最终考上了理想的大学。小禾进入大学后也没有松懈，一直努力上进，大一结束时还拿到了一等奖学金。小禾的妈妈很欣慰，逢人就夸自己的女儿多么听话懂事，学习上从不让她操心。

可是，在小禾升入大二后，母亲却忽然因病去世，之后她就性情大变，再也不是以前那个乖乖女了。小禾变得敏感多疑，对同学和老师都抱有敌对情绪，觉得所有人都在针对她。她不能和宿舍里的同学正常相处，一旦发现大家在小声讨论什么事，她就会觉得对方是在说她的坏话。为此，她还和同学大吵过几次，但是老师在了解情况后才发现，大家只是怕打扰她休息，才放低声音的。但是，小禾并不相信同学们的解释，每次都闹着要换宿舍才罢休。

之后，小禾的心思也不在学习上了，每天只关注有没有同学针对她。大二第一个学期结束后，小禾的成绩一落千丈，自然和奖学金无缘了。但是小禾不觉得是自己有问题，反而举报得了奖学金的同学抢了自己的名额。学校的辅导员注意到了她的异常，特意带她去做了心理辅导。小禾的爸爸知道了小禾的情况后，赶紧来到学校向老师询问。让小禾爸爸没想到的是，一向乖乖听话的女儿竟然被心理医生诊断为心理异常。心理医生告诉小禾的爸爸，因为小禾受到了重大打击所以导致了人格异常，需要进行专业治疗才行。爸爸只好给小禾办了休学，带她去寻求专业的帮助。

小禾的情况就是人格的相对稳定性出现了问题，她忽然出现的性情大变也是心理异常的表现。所以，平时我们也要时刻关注自己的人格稳定性，如果自己或身边的人无缘无故地出现了性情上的改变，那么一定要寻求专业人士的帮助。

不过，人格的稳定性是相对的，是有条件的。一个人在不同时间和不同情境中的人格特征在多大程度上能保持稳定性呢？1949年，心理学家哈维赫斯特和泰伯用观察、记录、调查等方法，做过一个关于性格和人格稳定性的研究，给上面这个问题提供了答案。

哈维赫斯特认为，人的性格结构具有相对的稳定性，即使一个人的行为举止发生了改变，他的基本性格结构也是稳定的。因为人的性格发展受动和静两种因素的影响，动态因素是指性格发展的各个连续阶段，而静态因素是指性格的基本结构。一个人的行为举止发生了改变，只能说明这个人的性格出现了新的发展阶段，而他性格的基本结构是不变的。所以，个体行为举止的改变并不意味着其人格的稳定性出了问题。

人格真能决定一个人的命运吗？

人格是一个人在成长的过程中，受多种内外部环境因素的影响而形成的。可以说，一个人的生活环境影响了其人格的形成，而这个人的人格特征则影响着他的行为选择。一个人的人格可以反映其心理面貌，也可以呈现出这个人的惯性行为倾向。所以每个人的人格不同，对待事情的处理方式就不同，把握机遇的能力自然也不同。从这个角度来看，一个人的人格确实在某种程度上决定了这个人的命运。

心理学家认为，人格在一个人的行为选择中起着绝对的支配作用，比如一个个性鲁莽的人在面临选择时通常不会仔细地分析利弊，而是风风火火就做出了决定，这种冲动往往会促使他们做出错误的选择。而一些心思缜密的人往往不会轻易下决定，只有经过深思熟虑后，才会做出更有利于自己的选择。相对而言，心思缜密的人比个性鲁莽的人更能做出正确的选择，也更容易获得成功。但是一个人的人格真的能够完全决定这个人的命运吗？也不尽然。

现实的生活环境通常是复杂多变的，我们很难用几句话把一个人的人格归纳出来，受环境影响的人格自然也不是单一的、一成不变的。一个人的人格既具有稳定性，也具有可塑性。如果我们的人格结构中有不利于我们成长的因素，我们可以通过自我意识，进行有目的的抑制和改善，同时我们也可以通过自我意识来加强和完善我们人格中的优点。

因此，当我们清楚地认清自己人格中的优缺点时，我们就可以充分协调好内部心理和外部环境间的关系，培养出稳定和谐的人格。

小舟是公司里的业务骨干，他性格直爽又爱钻研，进入公司没多久就熟练掌握了业务知识，成了新人中的佼佼者。小舟又是个好强的性子，加上年轻气盛，所以跟很多老同事相比好像有用不完的冲劲，很受主管赏识。并且小舟的抗挫能力极强，面对困难从来不会打退堂鼓，总是迎难而上，有着能在逆境中把压力转化为动力的神奇本领。很快，小舟就升到了团队中的核心位置。主管觉得小舟是个不可多得的领导型人物，所以在小舟进入公司半年后就把他升为了项目主管。

让人没想到的是，小舟升任了项目主管后，工作上的表现反而没有以前出色了。这个情况跟小舟的个性有很大关系。小舟是一个出色的业务员，却不是一个好的管理者。他性格刚毅正直，眼里揉不得沙子，碰到下属犯错时，他就会狠狠地批评他们，从不知委婉为何物。又因为小舟太过耿直，他也没少跟别的部门产生摩擦。有时候，别的部门配合不好，同事们一鼓动、一挑唆，小舟就会气势汹汹地去找人理论，搞得他的口碑越来越差。本来小舟升任项目主管后，上司还考虑继续提拔他，但是他在管理方面的短板出现后，上司就放弃了这个想法，再也没提过小舟升职的事情了。

如果小舟是一个会审时度势的人，他将有一个大好的未来，可就是因为他急躁好胜，遇事容易激动，事情还没调查清楚时就认为是对方的错，常常主动与别的部门起冲突，这才断送了他的升职之路。可见，小舟的个性并不太适合做管理人员，但是如果他能意识到自己的问题，改一改自己的暴脾气，凭借他的业务能力，相信与人打交道的工作一样难不倒他。

诚然，一个人的人格稳定性部分对他的选择起着决定性的影响，但是人格的形成是一个不断变化的动态过程，所以人格也具有后天可塑性。如果这个人可以在成长的过程中，不断修正自己人格中的缺陷，让自己的人格越来越健全，那么这个人将会变得越来越成熟。

动机与需要，人格积极性的源泉

人格是一个复杂的结构系统，包含着多种成分，其中动机和需要是人格形成的重要因素，它们是人格形成的动力，也是人格积极性的源泉。需要和动机是人格中最活跃的因素，表现的是人格的倾向性，这种倾向性决定了个体对现实持有的态度，同时也决定了个体对认识对象的趋向和选择。

动机在心理现象中属于心理状态，是促使个体行动导向某一目标的心理倾向性或内部驱力。简单来说，动机就是人类行为背后的根本原因。动机是不能直接观察出来的深层次心理活动，却是影响人类行为选择的最重要的因素。在面对同样一件事时，不同的动机会导致人的心理动力产生巨大的差异，人的大脑会对即将发生的事做出“付出”和“收益”的对比衡量，这个计算结果将最终决定一个人做事时的动力。

我们也可以简单地把动机理解为我们处理信息的依据，我们对待信息的原始动机不同，处理信息的方式也就不同。如果我们长期用同一种动机去处理类似的信息，那么我们的人格心理特征也会受到这种动机的影响。当再次面临相同的信息或问题时，我们就会变得更加敏感，我们的行为选择也会变得更加模式化。

需要指的是人体组织系统中的一种缺乏、不平衡的状态。个体需要的产生受生理状态、情境和认知水平等诸多因素的影响，可以划分为不同种类。需要和动机表现了人格的倾向性，是人格中最活跃的因素。人格的倾向性决定着人们对现实的态度，也决定了人们对认识对象的趋向和选择。一个人只有实现了自我，真正成为他自己时，他才是快乐的、自我认可的。所以，动机和需要也是人格积极性的源泉。

人格的动机和需要是很复杂的，在特定的条件和环境下会不断发生变化，动机和需要也决定了人们的很多选择，因此研究人格的动机和需要不是干扰或控制人格的形成，而是对不健康心理状态的一种认识和疏导。

李妍是一家广告公司的人事经理，为了帮公司留住优秀人才，她一直很关注员工的各种需要。在人事岗位上工作多年后，李妍发现员工不外乎三种类型。第一种员工就是像公司新来的行政小圆那种类型的年轻人，他们只是把工作简单地当作一份工作。对他们来说，这份工作除了有钱拿就没有任何吸引力了，如果做得不开心，说不定明天他们就不干了。月末的工资是他们工作的唯一动力，除此之外，工作对他们来说没有多大意义，也没有值得他们努力奋斗的吸引力。他们对自己的工作基本上没有任何期待，所以他们工作的动力不足。

第二种员工是把工作认真地看成了一份值得为之努力付出的职业。他们努力工作不仅仅是为了钱，还为了不断获得升职和加薪。职业、薪酬和晋升是他们努力工作的最大动力，也是除了金钱以外的另一个重要目标。在他们看来，工作就像是一场比赛，如果不能努力跑到第一名，就无法获得更高的成就。这种类型的员工需要的是认同感和成就感，单纯的金钱已经无法更深层次地打动他们。

第三种员工有着更高的追求，他们会把工作看成自己的一项事业，他们的眼光也放得更长远。为了这份事业能够获得成功，他们可以奉献一切，甚至不在乎钱多钱少。他们的动力来自工作本身，来自对事业成功的憧憬，这种自我和谐的奋斗过程往往能让人获得更大的成功。

美国社会心理学家亚伯拉罕·马斯洛是研究动机和需要的著名心理学家，他提出的需求层次理论在现代行为科学中占有重要地位。他在自己所著的《动机与人格》一书中提到："自我实现的人就像是身在异乡的异客，自我实现的人的想法特立独行，并不一定按照世俗的要求和别人的眼光行事，对待有制度、有瑕疵的社会时，他们更愿意从内部去改良，而不是在对外部的叫嚣中去试图毁灭。"

当今社会，很多人虽然衣食无忧却仍然感受不到幸福，其根源就在于他们更高级的需要没有得到满足，这种需要就是“自我实现”。所以，如何“自我实现”就成了这部分人亟待解决的问题。不过，一个人单凭智慧或理性是不能完全达到自我实现的，只有明确自己的动力和目标才是实现自我的前提。

解读思维和行为背后的人格奥秘

心理学中关于人格的理论很多，有的理论根据人的思维和行为模式，以不同的维度为依据将人格分为不同的类型。比如，心理学家艾森克的内—外倾人格理论就将个体的人格分为内向型和外向型。典型外倾型者将生活指向外部世界，这类人更加活泼开朗，善于社交，而典型内倾型者则将生活指向内部世界，这类人平静、害羞，也更加理智、自控。

了解一个人的人格特质就可以明白他的思维模式和行为风格，对人际交往具有很重要的实践意义。因为人与人之间的冲突大多是由于人格差异造成的，理解和尊重对方的思考方式和行为选择，可以在社交中有效减少不必要的冲突。此外，我们在社交活动中，如果能够抓住对方的基本人格特质，自然就会明白对方的品性和为人，也就更能愉快地和对方相处。

墨尔本皇家理工学院教授海伦·麦格拉斯和心理咨询师哈泽尔·爱德华兹共同创作了一本书——《隐形人格：思维和行为背后的人格奥秘》，书中绘制了一幅“人格地图”，将人格分为三大类型：令人烦恼型、令人困扰型和令人受伤型。他们又进一步将这三大类型细分成了 9 种具体人格类型，分别为以下几种。

1. 令人烦恼型：消极型、自负型、专制型；

2. 令人困扰型：焦虑型、强迫型、索取型；

3. 令人受伤型：被动攻击型、霸凌型、反社会型。

了解了人格类型，可以帮助我们有效地改善社交关系，从而更好地与他人相处。

小焕是一名职场新人，从事的是自己非常喜欢的广告业。但是最近小焕的工作让她有些心力交瘁，主要原因是跟她合作的同事总是处于无比的焦虑之中。

小焕的这名同事叫李莹，她因为结婚生子离开了公司两年，最近才重新进入职场。李莹重新开始工作后就变得十分焦虑，她一直担心自己能力不够，无法完成上司交代的任务，所以总是主动加班。但是加班太频繁又让她无法兼顾家庭生活，与丈夫之间的矛盾给她增添了新的压力。她觉得自己已经不是刚进公司的新人了，没人会耐心地等她成长，如果自己没有进步，必然会被年轻人所取代。在这样的心理压力下，李莹陷入了长期的自我否定中。自我怀疑让她没有办法按时完成工作，这也连累了小焕的后续工作无法按时完成。

在这样的恶性循环中，小焕对李莹的意见越来越大。有一次，因为李莹拖延了进度，小焕忍不住与她大吵了一架。让小焕没想到的是，第二天李莹不仅诚恳地向她道了歉，还跟她说自己已经递了辞职信，以后小焕不用再被她连累了。小焕听到李莹打算辞职后感到非常内疚，一直劝她不要辞职，但是李莹担心自己无法克服焦虑心理，最终还是离开了。

李莹走后，小焕一直很内疚，她觉得是因为自己不够了解李莹，才导致李莹离职的。她很是迷茫，不知道下次遇到这种情况应该怎么处理才好。

焦虑型人格在生活中并不少见，如果我们遇到了这类人应该怎样与之相处才好呢？

第一，我们应该尽可能改善自己当前面临的情境。这种改善包括两个方面，一是改变我们自己的想法和行为，二是努力帮助对方做出改变。如果我们的工作伙伴拥有焦虑型人格，我们不妨提前与其协商工作上的安排，提前把有可能出现的问题沟通好，从而更有效地推进工作进程。

第二，如果我们无法改变现状，可以学着接受目前的情境，尝试着理解他人，并在今后的时间里寻求改变的机会。我们想改变自己都是一件很难的事，更何况让他人做出改变。所以在一些情境下，我们要学着接受差异的存在，千万不要让这种差异变成一种矛盾。

只有理性地分析自己、剖析他人的思维和行为模式，我们才能够敏锐地捕捉行为和思维背后的人格信息，拥有更加良好的人际关系。

整合“人格面具”，做回最真实的自己

“人格面具”是瑞士心理学家卡尔·荣格在分析心理学中提出的一个重要概念。荣格认为个体的人格是由不同的“面具”构成的，一个面具就是一个子人格，而人格就是一个人所戴的面具的总和。一个人会在不同的场合使用不同的面具，展示不同的人格，每个人时时刻刻都戴着自己的人格面具。

为什么人们在面对不同的人和事时，会选择习惯性地戴上人格面具呢？因为我们都想表现出理想化的自己，在不同的情境下，理想化的自己也是不同的。在生活中，我们希望自己是一个如春风和煦般的人；在职场上，我们又希望自己是个杀伐果断的人。面对家人时，我们要戴上其乐融融的面具；在朋友面前，我们需要戴上的则是善解人意的面具。这些人格面具可以帮助我们展现最好的自己，虽然面具太多让我们分不清哪一个才是真实的自己，但我们还是会努力在别人面前戴上人格面具，向别人展现出最理想的那个人格。

在不同的角色面前，人们会戴上不同的人格面具，所以人格面具是基于个体

应对外界而存在的一个体系。人格面具具有以下几个特征。

1. 统合性。

人格面具是个体由内向外为自身构建的一个人格侧面，具有顽固的主观性倾向。当人格面具被强化到一定程度时，这个面具就会被个体植入自身之中，面具也将与个体融为一体。

2. 独立性。

人格面具在个体的自我认知方面具有独立性，个体必须将这一面具与真正的自己区别开来，否则就会引起认知上的混淆。

3. 整体性。

每个个体都是作为一个完整的个体而存在的，人格面具也必须立足于个体的整体人格之上，才能对个体的人格施加影响。

庄玟原本是一个无忧无虑的大学生，可她最近的生活中却有了一些苦恼。在一次同学的生日聚会上，庄玟发现好朋友小连居然是个表里不一的人。前一天，小连还跟她抱怨，说过生日的那个同学如何炫富，性格如何不好，可是人家过生日当天，小连却送了一份贵重的礼物，还夸对方人缘好。庄玟对此很是困惑，她觉得身边的人好像都戴着各种各样的面具，没有哪一个人是绝对真实的。

发现了小连的虚伪后，庄玟开始反思自己是否也在生活中如此不真实过。她发现自己好像跟小连差不多，也从来没在人前表现出真实的性格。她表面上是一个非常听话的孩子，在父母和长辈面前都是“乖乖女”的形象，可只有她自己知道她曾经有多么叛逆。

上了大学后，庄玟也和别的同学一样有了虚荣心。每次发朋友圈，她都会精挑细选地发出几张精修图，然后再挖空心思地配上一段文字，等着朋友们来点赞和评论。尤其是出去旅游时，庄玟的朋友圈更是小视频不断，恨不得让所有人都知道自己出去玩了。想到这儿，庄玟发现自己没有资格指责小连，她也是一个喜欢戴着面具去交流的人。庄玟为此有些苦恼，想要把自己最好的状态呈现给大家，但这究竟是好还是坏呢？

庄玟的苦恼也许大家都深有体会，展现好的自我和虚伪做作的界限在哪里呢？这个界限应该是真诚。自然而然地分享是为了展现更好的自我，但如果是某人特意营造出的一种人格展示给大家，那就离虚伪不远了。

没有人能自信地说自己可以摆脱人格面具，因为人格面具并不完全是不好的，它是我们对社会的一种适应，保证了我们能够与他人和睦相处。而且人格面具也是个体自我的一部分，它能够帮助我们实现人际交往的目的，达成个人成就，是个体社会化的一种表现。

不过，过度依赖人格面具也可能是有害的，因为如果一个人过分沉湎于自己扮演的角色，那么就会只认同自己所扮演的这一个人格，而排斥其他人格。被人格面具支配的人会逐渐远离自己的天性，其身上过分发达的人格面具也会与其他不发达的人格面具间产生尖锐的对立和冲突，让这个人一直生活在紧张的状态中。

其实每个人格面具下都有个体真实的一面，当个体能够觉察人格面具存在的原因时，就不会过于迷恋某一角色。当你能够整合自己的人格面具时，你就会放下一些不适合自己的目标，做回最真实的自己。

解构人格：实现本我、自我、超我的平衡

为了解释人格的特点，构建一个可描述的人格理论模型，心理学家提出了各

种各样的人格理论，其中由奥地利精神病医师西格蒙德·弗洛伊德提出的人格结构理论比较精准地阐述了人格的组成结构。

弗洛伊德的人格结构理论把人格结构分为三个层次，即本我、自我和超我。本我是人的原始本能，位于人格结构层次的最底层。人的这种原始本能是无意识的，它遵循快乐原则，有时候甚至不顾社会现实，只寻求最直接的满足。在弗洛伊德看来，人的原始本能是性本能组成的能量系统，主要包括人类的各种生理需要。

自我位于人格结构的中间层次，是在原始本能和现实环境之间的冲突中逐渐发展起来的。自我在本我和超我之间扮演着调节者的角色，它不仅要尽量满足本我的要求，还要接收来自超我的约束信号，目的就是让本我遵循现实原则。

超我位于人格结构的最高层次，受社会规范、伦理道德、价值观念的影响内化而来，是个体社会化的结果呈现。超我的主要作用是抑制本我的本能冲动，让个体遵循道德原则，进行自我监督以及达到完善自我的境界。

人格的这三个层次分别代表了人格的不同方面，当三者发生冲突且无法调节的时候，人格就会失调，导致个体出现心理疾病等问题。所以，要注意本我、自我、超我的平衡，让自己的人格处于一种和谐、健康的状态。

林浩是一个脾气耿直但是很有礼貌的大男孩，在同学中的人缘很好。但是一直好脾气的林浩最近却对同班同学萧明非常不爽。原来，这段时间林浩想要竞选文艺部部长，没想到萧明也一起参加了。本来每个人都有参加竞选的权利，林浩也不会因为竞争关系对萧明有什么不满。但是林浩无意中发现，萧明一直和学生会的学长们说自己的坏话，这种行径让他非常生气。

林浩本来就是个耿直的性子，知道萧明在背后编排自己后，就很想找机会和萧明理论，这个理论自然也不排除发生肢体冲突的可能。林浩是个不太能藏住事的人，就和自己最好的朋友说了这件事。没想到朋友听后不仅没帮他说话，还笑话他竟然不知道弗洛伊德的人格结构理论。

林浩是个成绩优异的学生，被朋友这么笑话自然很不服气，于是缠着朋友和他解释什么是人格结构理论。

朋友就问他：“你看，你听到萧明说你坏话，你是不是很想揍他？”

林浩点了点头。

朋友笑着说：“你想揍他这个想法就是本我在起作用，是一种原始冲动。但是如果你克制了这种冲动，决定和他聊聊，和平地解决你俩的冲突，这就是抑制本能冲动的超我在起作用了。”

林浩想了想问朋友说：“那如果我不去揍他，但也不想和他聊聊，而是选择不理他呢？”

朋友揽着他的肩膀笑着说：“那这就是让本我遵循现实原则的自我了。”

林浩跟朋友聊了后，发现自己也没有那么想去揍萧明一顿了。这时，他才明白，原来朋友只是借着人格结构理论这个话题让他不要冲动而已。

弗洛伊德认为，无论是个体还是整个人类的认识成长过程，都是逐渐征服本我、打破本我“自恋”的过程。在人格结构中，本我只是能量的发泄，而自我和超我同时具有能量发泄作用和反能量发泄作用，是超越本我的存在。

任何心理问题的产生都离不开本我、自我和超我的影响，都和个体内部冲突有直接的关系。而个体产生内部冲突的根本原因就是本我与超我的冲突，而我们所说的实现本我、自我、超我的平衡，就是有效调节本我与超我之间的矛盾和冲突。那我们具体该如何做呢？

首先，控制本我的不合理欲望。弗洛伊德认为，本我的特点是无意识、非理性、非社会化和混乱无序的。控制本我就是要以合理的方式来满足本我的要求，而不能为了避免痛苦，采取多种方式来逃避现实。

其次，扮演好自我在人格中的“执行者”角色，遵循现实原则，限制本我的欲望，调节本我与超我之间的矛盾。

最后，适当控制超我的完美主义倾向，要学会认可自己，鼓励自己，避免因为自我否定引发本我与超我的冲突升级。

总而言之，当我们能够充分了解并接纳自己的人格特质，完成自我对本我和超我的调节时，我们就可以达到本我、自我和超我的和谐统一，各种心理问题也就不会产生了。

人格中的光明三角和黑暗三角

每个人的人性中都有光明和黑暗的两面，人格也是一样。每个人的人格中也都有光明三角和黑暗三角的特质。

相信每个人身边都有一些散发着温暖光芒的人，这些人常常像阳光一样照亮他人。他们不会计较自己的付出，总是无条件地奉献。与人交往时，这类人也不会计较得失，反而会因为帮助别人而发自内心地感到喜悦。这类人的人格就有着光明三角的特质。

光明三角具有三个特质，分别是康德主义中的“人是目的，而非手段”，人本主义中的“对个体的价值和尊严看重”，以及对人性的信心，即“相信人性中存在的善和美”。

在光明三角量表中得分高的人群一般都拥有更高的责任心，对外界的反馈也更加积极、热情。他们对生活满意度和对他人的接纳度更高，有着更高的同情心和共情能力，同时还能做到秉持宁静的自我。

光明三角一般与热情、友好、宽恕、感谢等特质有关，光明三角程度高的人拥有更强的利他心，与人交往时他们会表现得更加成熟。他们有着更高的自尊和自信，愿意展现真实的自我，对自我的强大有着更坚定的认知。因此，光明三角程度高的人一般都有着满意度比较高的人际关系，他们更愿意在人际关系中表现出自己的高能力和自主性。

黑暗三角与光明三角相对，同时也拥有三种特质，分别是自恋、冷酷无情和寻求刺激，缺乏共情的精神病态。黑暗三角程度高的人在年轻男性群体中的比例比较高，他们看重权力、成就和隶属关系，对自我成就的重视程度远远超过在人际关系中获得的认同感。

实际上，每个人身上或多或少都存在一些黑暗特质，比如自恋倾向、利己主义和寻求刺激的病态心理等。就像现在的年轻人更喜欢美颜自拍一样，他们更愿意接受美化后的自己，而偶尔冒出头的幸灾乐祸的念头在他们看来也不影响自己做一个好人。所以，黑暗三角几乎存在于每个个体的人格特质中，只是程度不同罢了。

康伟在生活中是个小太阳一般的人，跟他熟悉的人都夸赞他是个细心、体贴，又懂得尊重别人的人。工作中的康伟也是同事们的主心骨，他脑子灵活，创造能力强，很多同事做不出方案时都会找他帮忙。康伟在工作上也很大方，只要自己有时间，从不会拒绝同事的求助，同部门的很多方案都是康伟主动加班帮忙修改的。

康伟虽然很受同事欢迎，但是他的上司对他总有一种恨铁不成钢的感觉。在上司看来，康伟虽然能力很强，但是没有什么竞争的意识，上次他被提拔为组长时，还对落选的同事充满了内疚感。这种过分善良的内疚感虽然有助于修复和同事间的冲突，但是也阻碍了康伟的发展，甚至让他有点害怕获得成功。

不过，像康伟这样几乎没有缺点的人也有让人不舒服的地方，比如他对自己亲密的人会更加严厉，不是很在乎对方的感受。所以，人的个性中，总是光明与黑暗并存的，就算是一个深受大家喜爱的人，他的人格中也有黑暗三角的存在。

光明三角和黑暗三角是每个人在心理和人格中都存在的两种相互平衡的力量和特质。或许我们每个人都有自己不为人知的一面，但是我们不能放纵自己沉沦在人生的阴影里。虽然每个人身上都有光明三角和黑暗三角的特质，但是在我们的思维、行为和情绪里，光明比黑暗更多一些，毕竟怀有极端恶意的恶劣之人在人群里还是比较少见的。所以，我们可以相信光明始终照耀着我们，有更好的人值得我们去关注、去发现，这样的人也会像阳光一样让我们时时刻刻都感到温暖。

CHAPTER 02

第二章

发掘成因，揭开人格背后的秘密

人格：遗传与环境交互作用的结果

英国心理学家弗朗西斯·高尔顿基于遗传学创作出了《遗传的天才》一书，书中他强调了遗传对个体差异形成的重要影响。为了创作这本书，高尔顿进行了大量的谱系调查。他针对1768年至1868年这一百年间出现的如英国首相、将军、文学家和科学家等共977名杰出人物进行了家谱调查。他发现，这些人的家族中，共出现了332名杰出人士，而英国普通的家庭中要高达4000人才会出现一名杰出人士。因此，他得出了一个结论，即人的能力是会遗传的，杰出家庭出现的天才的可能性比普通家庭的概率要高得多。据此，他还在《人类才能及其发展的研究》一书中提出了“优生学”这一概念，他认为想要生出优秀的孩子，必须择优选择配偶，以达到改良基因的目的。

高尔顿的研究说明了遗传在人的基因中起到的重要作用。同时，有研究表明，基因控制着人体的各个系统，包括直接或间接影响人的情绪、感情甚至性格的各种激素的分泌腺。可见遗传确实是个体人格形成和发展的决定性因素，可以说，一个人的气质、兴奋强度、主动或被动性以及反应速度都和遗传息息相关。

基因相当于个体人格形成的硬性条件，但人格并不仅仅只受基因的影响，环境对个体人格的形成也起到了不可忽视的作用。自然环境与社会环境都会对人格造成影响，相比较而言，社会环境对人格的作用更大。因为人类是社会性生物，我们生活在这个社会中就不可避免地与身边的人发生千丝万缕的联系。在这个庞大的关系网里，每个人从出生就会接触各种各样的人，有意识或无意识地接受他们的思想和习惯。这种社会影响贯穿了个体人格形成的整个过程，自然对人格有着根深蒂固的影响。

遗传与环境的交互作用在人格形成的不同阶段表现出的强度也不同。比如，幼儿时期，个体大部分时间都是在父母提供的家庭环境中活动的，这期间，遗传和环境的内在相互作用最为强烈。随着个体的成长，他们离开父母，开始选择和建构自己的环境，这些环境将反过来进一步塑造个体的人格，遗传和环境最初的交互关系也转变为超前的交互作用。在这个过程中，环境影响着个体的人格，而个体也在改造着环境，个体与环境的动态交互作用最终造就了个体的人格。

小薇一直是个温温吞吞的女孩，从小到大也没怎么跟人起过冲突。小时候，小薇的父母工作都忙，没时间照顾她，她被送回老家跟着外婆一起生活。在小薇的印象里，外婆的性格一直是安静、不多话的，可是小薇的舅舅脾气却很是火暴，常常一言不合就在家里发脾气，外婆也拿这个舅舅没办法。但是舅舅对小薇很好，每次发工资都会给小薇买好吃的，定期还会给小薇买新衣服。一直到小薇读了大学，她都有些不明白为什么外婆的性子安安静静的，舅舅的脾气却那么火暴。

直到有一次，小薇在评奖学金的时候被同学打了小报告，那时小薇第一次发了脾气，拉着那位同学跟老师对质了一番。老师了解了情况后，发现那位同学是故意污蔑小薇的，于是就把小薇的奖学金名额恢复了。同学们知道这件事后都很惊讶，没想到一直温温吞吞的小薇也有发脾气的一天。其实小薇一直觉得自己的个性更像外婆，没想到自己有一天也会像舅舅一样发脾气。

后来，舅舅听说了小薇发脾气的事就笑话她说：“你这个性格跟你妈妈一样，看着温吞，其实是个暴脾气。”

听舅舅这么一说，小薇还有些担心，她觉得自己还是稍微控制下脾气比较好，她可不想变成一个暴脾气的人。

小薇毕业后，进入了梦寐以求的广告公司工作。因为广告这个行业需要创新的想法，小薇经常要参加各种各样的项目会议，所以没少见同事们因为一个方案争得面红耳赤。小薇一开始也经常因为方案细节和同事吵来吵去，但是时间长了，小薇发现发脾气不能解决任何问题，只能强迫自己平心静气地和同事讨论问题。改变工作方式后，小薇反而觉得自己的工作效率提高了，因为她开小组会议的目的变成了解决问题，而不是发泄不满。有了这个发现后，小薇也变得越来越平和了，公司的同事都夸她脾气好。

个体的人格是在遗传与环境的共同作用下形成的，遗传是产生人格的基础，环境则是人格特质的添加剂，二者缺一不可。研究表明，人格特质里的遗传因素不是单一的，而是涉及多重基因。遗传对人格特质的影响极其复杂，连科学家都没有彻底弄清楚这些基因是怎样彼此交互影响的。同时，我们也不能忽视环境因素对人格的影响。因此，我们在探讨遗传对个性的影响时，要切记遗传不是个性形成的唯一因素，不要因为把遗传看作自己负面人格的原罪，就不去试着改变自己的不良行为。

生物环境：不健康的人格会遗传给孩子吗？

不健康的人格在心理学上有个专属名词，叫作“人格障碍”。一个人患上人格障碍后，通常表现为脱离正常且稳定的行为方式，对周遭的环境适应不良，甚至整个人格方面都出现了异常。患上人格障碍的人群不仅自己会遭受痛苦，也会给他人或社会带来不良影响。

人格障碍是一种复杂的病症，通常始于人生的早期阶段，如童年、青少年或成年早期。这种病症在部分患者成年后会有所缓和，但在某些情况下，人格障碍有可能会伴随终生。

多项研究表明，人格障碍的遗传概率很高。如果一个人患上了人格障碍，那么他父母的脑电图异常概率也比一般人高。有人做过一个统计，在 1929 年至 1977 年的双生子犯罪问题的研究项目中，在 339 例同卵双生子的案例中共犯罪率为 55%，而在 426 例异卵双生子的案例中共犯罪率为 17%。这个数据表明，同卵双生子的共犯罪率更高，生物遗传因素在违法犯罪行为中的作用更大，这也说明人格障碍的遗传概率还是比较高的。

在国企里工作的小婉看起来是一个有些特别的人，她刚毕业就和大学里找的男朋友结了婚，并很快生下了一个可爱的女儿。小婉之所以这么早结婚是因为她对自己的人生有着一种近乎偏执的控制欲，“什么年纪该做什么事”一直是她人生的座右铭。

在超强的自律意识下，小婉的人生过得很顺利。上学时她是个优等生，工作后她也是业务上的一把好手，婚姻上她没有像其他年轻人一样让父母催婚，自己早早就完成了这件人生大事。小婉一直觉得自己的生活顺风顺水的，但直到女儿读书后，她遇到了非常频繁的母女矛盾。小婉的老公是个温柔的个性，几乎从没有跟她争吵过，没想到女儿没随老公的脾气。

每次女儿跟小婉争吵都是因为嫌她管得太多，女儿觉得自己的衣服怎么穿，鞋子怎么摆，甚至交什么朋友都没有自主权。女儿在她的“操控”下越来越不满，刚上初中就早早迎来了叛逆期。

小婉有些不明白女儿的不满，她从小也是听着母亲的话长大的，现在她早早结婚生子，有了自己的家庭，她觉得这样的人生轨迹没有什么不好的。

直到有一天，女儿控诉她说："外婆控制了你的人生，你就要控制我的人生，将来我也会控制我孩子的人生，我们祖孙三代都是控制狂！"

小婉听了这句话，终于意识到自己的问题，她这才发现母亲确实是一个控制欲很强的人，她基本上是在母亲的"操控"下长大的。因为母亲脾气不好，小婉几乎什么事都要顺着她，不然就说小婉不听话。小婉以前觉得母亲对自己要求高是为自己好，现在女儿跟她争吵后她才知道她从母亲身上遗传到了这种控制欲。

经过这次争吵，小婉下定决心学着做一个宽容的妈妈，以尊重女儿的意愿为前提，不能有过强的控制欲，尽量做一个人格健康的妈妈。只有这样，女儿才能健康成长。

不健康的人格虽然受遗传因素的影响，但是成长环境也是人格发展形成的一个决定性因素。而成长环境主要是通过家庭、学校、社会圈子来发生效应的。父母作为孩子的第一任老师，如果不想自己不健康的人格影响到孩子，那么首先就要从一言一行做出改变，给孩子做一个好榜样。

1. 建立好的人际关系。

人际关系是每个人人生中的"关键词"，我们都生活在各种各样的人际关系里。父母处理好人际关系能够给孩子树立一个好的模板，让孩子在步入社会后，也能学着父母的方法更好地处理自己的人际关系。

2. 正视自己的情绪。

人在生活中总是不可避免地遇到各种各样的烦心事，尤其是做了父母之后，不仅要面对工作上的难题，还要平衡家庭中的关系，如果不能正视自己的情绪就容易变得压抑、焦虑。这种负面情绪很容易投射到家庭成员身上，压抑环境下长大的孩子会变得阴郁、不快乐。所以，父母要懂得正视自己的情绪，并把自己处理情绪的方法教给孩子，孩子就会在开明的家庭环境中拥有一个自我体验良好的人格，那就是最健康的人格。

自然环境：橘生淮南则为橘，生于淮北则为枳

在大部分人的印象里，南方人大多是温婉细腻的，而北方人则是粗犷豪爽的，这就是地理环境对人性格产生的影响。所谓“一方水土养一方人”说的也是这个道理。

18 世纪，法国启蒙运动中的代表人物孟德斯鸠曾提出一个“地理环境决定论”。他认为，寒冷的气候比炎热的气候更容易对人产生正面的影响。生活在寒冷气候中的人更容易产生好的思想和气质，他们更有勇气，对自己也更有信心。这类人能够清醒地认识到自己的优势，对自己的处境更有安全感，因此他们也更加坦率，报复的欲望更少。而炎热的气候更容易让人产生不好的思想。简言之，地理环境决定论就是把地理环境看成个体人格形成的决定性因素。孟德斯鸠认为，地理环境是导致人们的体质、心理、思想、品质、意识不同的直接原因。当然，地理环境决定论是片面的，这种单纯依靠不完全观察得出的结论是得不到普遍认可的。

但是我们必须承认，自然环境对个体人格的形成确实具有一定影响。自然环境决定了一个人的生活方式和他所处的人文环境，这些因素都对人的性格、三观的塑造起着直接或间接的作用。因此，自然环境对个体人格的形成不仅有影响，有时候这种影响比我们想象中的作用还要大。

土生土长的南方人钟媛考上了本地的一所大学，可是刚上大学不久，她就遇到了让她比较头疼的问题。钟媛的宿舍有个来自北方的同学，这个同学有着热情的性格，平时总是喜欢组织集体活动，这让钟媛感觉都没有自己的空间了。钟媛跟很多南方姑娘差不多，性格内敛，从小到大几乎都没跟别人红过脸，跟她关系比较好的朋友也都有轻易不会拒绝别人的性格。所以，当钟媛遇到和自己性格不一样的同学时，完全不知道该怎么办。

这天宿舍有人过生日，这个北方同学又张罗着一起聚餐。钟媛想抽点时间准备自己的演讲比赛，结果却被这个同学拉去挑选礼物。钟媛不情不愿地跟着同学出了门，因为她一直惦记着演讲比赛的事，被占用时间后有些不高兴。没想到一向大大咧咧的同学竟然看出了她不高兴，还问她是不是有别的事情要做。

钟媛不好意思直说，这个同学却大大方方地对她说："我这个人大大咧咧的，组织大家出来玩就是为了增进彼此的感情。你如果有自己的事情要做可以直接说，我不介意的，如果耽误了你的时间，我才不好意思呢。"

钟媛听她这么一说更不好意思开口了，倒是这个同学主动说："我知道你在准备演讲比赛，我们还帮你准备了应援的玩偶，打算去现场给你加油呢！"说完，她就拿出了一个娃娃递给钟媛。

钟媛终于明白过来，大家只是因为地域差异所以性格不同，做事习惯也不一样，但同学之间的感情确实是真挚的。

虽然不同的自然环境会造就不同的人格，但是自然环境毕竟是从属于人的，是人精神活动的对象。我们的人格不应完全受自然的支配，而是应将自然环境为自己所用，锻炼自己适应环境的能力，培养出一个健康的人格。

扭曲人格的背后，藏着糟糕的家庭环境

人格是人的心理面貌的集中反映，将伴随人的一生。人格受遗传与环境的双重影响，是先天性和后天性的结合。在人格形成的过程中，遗传决定了人格发展的可能性，环境决定了人格发展的现实性，家庭环境作为个体成长环境的一个重要组成部分，对个体人格的形成具有重大的影响作用。

一个人在家庭中遗传到的不仅仅有生物学上的基因，还有社会性的因素。所谓“有其父必有其子”，一个人在父母的教养下，会深受父母的意愿和教养方式的影响，形成某些人格特质，这就是个体从家庭遗传到的社会性因素。这种社会遗传因素主要来自父母的人格、父母的行为方式、家庭氛围、家庭结构等，这些因素在个体人格形成的过程中起着奠基作用。可以说，个人成长环境的好坏会影响人的整体人格基调，一个扭曲人格的背后往往藏着糟糕的家庭环境。家庭环境对人格的影响是长期性的，尤其是以下两个因素对人格的影响有着更强的针对性。

1. 家庭结构。

家庭结构是指家庭成员的构成及其相互作用、相互影响的状态，通常包括两个方面：一是家庭人员数量；二是家庭成员之间的联系模式。

家庭结构对家庭成员的生理、心理和行为都有巨大的影响，如离异、丧偶、未婚生子等事件都会对人格造成不同程度的负面影响。即便是那些在健全家庭中成长的孩子，也会因为父母的焦虑、急躁等不良情绪给自己带来消极的影响。

一个健康的人格需要一个健康的家庭环境，包括与父母的和谐相处、家庭成员间的体谅与关爱。这样和谐有爱的家庭环境才能为个体的人际交往提供好的模

板，有利于个体形成健康健全的人格。

2. 家庭氛围。

家庭氛围对人格的形成至关重要，这是因为孩子的性格与父母的教养态度有着密切的关系。许多父母喜欢抱怨孩子的各种缺点，如脾气不好、任性、自私、娇气等，甚至为此打骂、惩罚孩子。但是很多父母没有意识到，孩子的缺点其实都来自父母的教养方式。一般来说，如果父母过度纵容、溺爱孩子，孩子就会变得任性、自私，以自我为中心。反之，如果父母对孩子管教过严、肯定太少，孩子就会变得拘谨、怯懦，不太合群。

所以，过度溺爱和过度严厉的家庭氛围对孩子的教育都是不利的，良好的家庭氛围应该是民主、和谐的，只有尊重孩子的意愿，明白孩子的需求，才能让孩子形成独立、健康、向上的人格。

小义没什么朋友，唯一跟他比较熟的人就是一起租房的室友。这个室友虽然和小义共居一室，但对小义的了解也不多，只知道小义上大学的中途退学了，因为找不到合适的工作才干起了送快递的活。

每天小义下班回家后就钻进自己的房间，几乎不跟室友交流。有一次室友出差回来，小义忽然说不能和他一起租房子了，因为他和客户打架丢了工作，没钱继续租房了。室友不知道怎么安慰小义，只好带他出门吃了顿饭。

饭桌上小义喝了点酒，断断续续地说了一些自己的事。小时候，小义的父母一直争吵不断，父亲工作比较忙，几乎不着家。母亲则把生活的重心都放在了小义身上，只要小义的学习成绩有一点下降，母亲就会歇斯底里地骂他。父亲受不了母亲的偏执，坚持和母亲离了婚。离异后，母亲对小义的管教更加严厉，只要小义不听话，母亲就会痛骂他，说他长大后一定没出息，让父亲看笑话。

就这样，小义在母亲的严厉培养下考上了一所名牌大学。但是进入大学后，小义感觉自己没法控制自己的情绪，他变得像母亲一样容易焦虑，有时候还深感抑郁。后来小义被确诊为躁郁症，母亲非但没有安慰小义，还觉得他得病都是因为他太脆弱。母亲的态度让小义的躁郁症更严重了，他无法坚持完成学业就中途退学了。

退学后，小义找不到像样的工作，只能四处打零工。他找的这份快递工作，已经干了快一年了，本以为能慢慢改善自己的生活，没想到最后还是被自己的坏脾气给终结了。室友听了小义的遭遇，也不知道该怎么安慰他，想主动借钱给小义，被小义拒绝了。两人吃完饭，沿着小巷往回走。小义看着昏黄路灯的小巷子，觉得自己就是因为糟糕的家庭环境才变成这个样子的。如果他生活在一个和乐美满的家庭中，也许他就不会有这么糟糕的经历，他的人生也就不会这么充满曲折了吧？

小义明显是糟糕家庭环境的受害者。每个人人格的形成过程最初都起始于家庭，家庭中人格构建环境的失衡将导致人格构建内容的扭曲。人格构建方法的不当，也是造成人格偏异的重要原因。所以，优化人格构建的家庭环境，是改善人格教育的有效对策。

童年经历之殇：为人格缺陷找到答案

有一种情感上的虐待被称为“心灵杀手”，它是指父母对孩子反复进行严厉的批评、贬低、轻视和羞辱。经历过这种情感虐待的孩子在成年后可能会出现低自尊、人际关系不良、抑郁情绪，甚至是反社会倾向等病态的心理问题。这些病态心理将严重影响一个人的人格形成。

随着心理学家对人们在童年时期被虐待的经历进行的深入研究，越来越多的研究结果表明童年的创伤经历对成年人的心理健康有着显著的负面作用。不仅是童年时经历过的身体创伤，情感方面的伤害和被忽视的体验也被证明与各种心理问题有着密切的关系。

有研究表明，童年的创伤经历和人格障碍倾向呈正相关关系。简单来说，经历过童年创伤的人更容易出现人格障碍倾向。而且一个人在童年时期经历的虐待越多，成年后出现的反社会型和分裂型人格障碍的倾向就会越明显。

萧萧是个性格偏激的人，一旦跟人有冲突，就容易产生极端情绪。如果不是身边还有几个关系不错的朋友，萧萧的脾气可能会变得更加暴躁。萧萧也知道自己的性格问题，但是她不知道怎么改变自己，只能将这一切都怪罪于她不幸的童年。

萧萧的爸爸是个个性冷漠的人，对家里人都不太关心。每次萧萧犯了错误，爸爸都会对她实施冷暴力，好几天不和萧萧说话。萧萧的妈妈和她爸爸不同，是个性格暴躁的人。每次萧萧不听话，妈妈就会大吼大叫，甚至体罚萧萧。小时候的萧萧也不知道自己更害怕爸爸还是更害怕妈妈，每次妈妈发脾气时，爸爸都只会默不作声或冷漠地走开。这时，萧萧就觉得爸爸还不如妈妈，妈妈还是有情绪的，可是爸爸看起来对她一点感情也没有。在这样的家庭环境中长大的萧萧没有学会沟通，也不懂得怎么与人进行情感交流，所以长大后，萧萧遇到不高兴的事也只会发脾气。

萧萧成年后一直处理不好各种人际关系，在经历了几次失恋后，她决定做一个独身主义者。她觉得自己不会与别人相处，不懂得怎么爱人，将来肯定也不懂得怎么爱自己的孩子。她没有被爱的经历，怎么能主动学会爱人呢？

朋友知道了萧萧的念头后都劝她，像她这样长大的孩子有很多，如果别人可以克服自己的坏脾气，萧萧一定也可以。萧萧知道朋友说得有道理，可是她不知道自己该怎么做出改变，自己到底能不能改变人格里偏执的部分。

心理学家马丁·塞利格曼认为，儿童的自然痊愈能力一般比成人更好。所以，即使童年创伤会对成人的人格造成影响，也不能把童年的创伤当作自己人格障碍的主要成因。成年人应该摆脱童年经历的桎梏，改变自己人格里不好的部分。

有童年创伤的人该怎么改善自己的人格呢，可以尝试着从以下两方面做起。

1. 增强价值感。

经历过童年创伤的人在自己的家里都感受不到爱，所以就会觉得自己不受欢迎，认为自己是个累赘，对自己感到失望。而成年人跟幼儿相比有更多的自主权，他们可以选择更适合自己的生活方式，选择自己更喜欢的工作。这样的经历可以增加个人的价值感，让自己感受到被需要。

2. 找到归属感。

一个人如果没有归属感就会感到孤独，尤其是童年经历过创伤的人更容易感到孤独。他们在家庭中找不到归属感，成年后也特别害怕被边缘化。因为童年经历而缺乏归属感的人可以和兴趣相投的人交朋友，把自己的经历放在让自己感兴趣的有效社交上。只有感受到了归属感，受过童年创伤的人才能够摆脱被边缘化的恐惧，变成一个更成熟的人。

人格地图上，少不了社会文化的烙印

社会文化是对社会群体施加广泛影响的各种文化现象和文化活动的总称，人作为社会性动物，其人格的形成一定会受到社会文化的影响。

第一，社会文化对个体的人格具有塑造作用。心理学中的精神分析理论认为，婴儿时期的经历对个体人格的形成起着重大作用，尤其是幼儿时期受到的创伤，对个体人格的发展具有决定性的影响。而不同社会文化对儿童的养育方式也强有力地影响着个体成年后的人格。比如，受农耕文化影响的个体大多内敛沉稳，而在游牧民族中长大的孩子则更加张扬、勇猛。

第二，社会文化对人格具有界定作用，凡是符合当前社会文化的都是正常人格，否则就是反常人格。反常人格也是人格逆社会化的表现，指的是能让个体产生良好心理体验的感性认识与社会化呈相反的方向发展，导致人的感性认识引导不了人的理性认识，而人的理性认识也控制不了人的感性认识，这就会使得个体出现人格分裂的病症。个体的心理一旦失控就容易产生不同程度的心理危机，如果不加以调整就会导致各种精神疾病和生理疾病。逆社会因素包括各种负面倾向，如个人主义、享乐主义、拜金主义等。

人格是心理的核心内容，健全的人格与健康的心理有着相当密切的联系。社会化对个体人格的形成有着不可忽视的作用，个体的社会化程度也决定了其所能达到的社会地位。

小林和小方是从小一起长大的好朋友，两人从小就是住在一个小区的邻居。小林的父亲是一名大学老师，从小就注重培养小林的钻研精神，经常陪着小林做各种小实验。小方从小也喜欢鼓捣各种发明，所以经常跑到小林家跟小林一起研究。小方的父亲在当地政府部门工作，陪小方的时间不多，但是小方知道父亲忙是因为手里有很多大项目要做，所以他很崇拜自己的父亲。

小林和小方一直到高中都在一个学校就读，是非常要好的朋友。但是在两人高考前夕，小方的父亲被爆出经手的项目出现了问题，父亲被革职调查了。小方受此影响，高考发挥失常，没考上理想的学校。成绩出来后，小林本想去安慰小方，没想到小方一家不知什么时候竟然悄无声息地搬走了。一直到小林工作后，他都没有再见过小方。

直到有一次，小林的公司打算采购一批器材，他去跟对方谈合同时，才发现小方原来是那个公司的业务员。原来小方在上了大学后，因为不满意自己的专业，大学里也没认真学习。勉勉强强毕业后，小方找了份自己不喜欢的工作。之后，他就变得有些愤世嫉俗。

小林听到小方的抱怨后，知道小方是遭遇了家庭的变故才对社会产生不满的。小林没有空洞地安慰小方什么，而是交给小方一大笔订单。小方见小林这么帮自己还是有些惊讶的，但是他碍于面子也没多说什么，只笑着向小林保证一定按时出货。小林不知道这一次的帮忙能不能让小方改变一些偏激的看法，但是作为小方的朋友，以后有机会他还是会帮助小方的。

小方跟小林相比就是出现了一个人格逆社会化的过程，这个逆社会化已经潜移默化地渗透到了他的观念和行为之中，所以他才会变得那么愤世嫉俗，觉得社会对自己不公平。

但是一个人是无法要求社会规则按照自己的意愿执行的，只有遵循社会的要求确定自己的角色行为才能正确完成人格社会化的过程。每个人只有遵从社会认同的价值观、道德观，才能将自己的人格与社会需求紧密联系起来，最后变成一个被社会所接受的社会成员。

学校教育，知识传授与人格培养并重

心理学家约翰·杜威说过：“一切教育的最终目的是形成人格。”所以说，教育既是塑造人、培养人的工作，也是健全人格、塑造人格的工作。

学校不仅是教书育人的地方，也是培养健全人格的重要基地，知识获得、智力发展和技能成长都是人格培养的重要组成部分，这些方面都需要从学校的认知教育中获得。学校进行的人格教育会把人类已有的语言、艺术、道德、哲学等成果教授给学生，拓宽学生人格的深度和广度。这些文明成果也是人格培养中认知教育的源泉，将成为学生人格构成中不可或缺的部分。同时，学校对学生进行的非智力因素培养，如情绪、情感、动机、兴趣等都可以激发学生的情感和良知，借此来塑造学生健全的人格。

小渔是一所大学的辅导员，她刚工作没多久，年纪和自己的学生相仿。因为体贴学生，不爱摆架子，小渔很快就跟学生打成了一片。小渔一直很喜欢校园里的氛围，所以非常珍惜这份工作，入职前她就看了好多教育类的书籍。她还专门查询了近几年大学生的心理健康状况调查报告，看了这些报告，她才知道原来大学生群体中一直存在不同程度的心理问题，有些是因为刚进入大学无法适应新环境，对大学生活感到烦恼、迷惘；有些则是因为恋爱、感情方面的困扰，导致了心理障碍、人际交往紧张等问题。

小渔了解了这些问题后，对班里同学的心理状况很是关注，她非常担心同学们有解决不了的心理问题。没想到怕什么来什么，第一个学期末，小渔就接到了一个投诉说有同学在宿舍里早出晚归，给其他人造成了很大的困扰。小渔了解情况后发现，被投诉的是一个看上去很乖巧的女生，这个女生沟通能力有些欠缺，基本上没什么朋友。小渔向这个女生询问情况时，女生还没开口说话就委屈地哭了起来。原来，这个女生因为自己交际能力不行，一直都很自卑，她怕待在宿舍里让同学们尴尬，这才一天到晚地泡在图书馆里。没想到自己为了同学着想，居然还被投诉了。

小渔知道了事情的真相后就带着这个女生和她宿舍的同学把问题解释清楚了，同学们听到女生的理由后都有些内疚，有的还向女生道了歉。之后，小渔不仅带着女生去找了学校的心理医生咨询，还陪她买了很多交际方面的书籍。女生在小渔的帮助下变得开朗了，也不再那么木讷。但是一个人的性格也不是一时半会儿就能改掉的，小渔也把帮助这个学生当成了自己的一个长期任务，她觉得自己作为一名老师帮助学生调整自己的性格是本职工作，她相信自己能做好这份工作，也会把这份工作坚持下去。

自我意识是人格的内核，人格发展的前提也是自我意识的觉醒，因此，教育者必须遵循以人为本的教育原则，充分调动学生的自我意识，引导学生提高自己的自觉性、积极性和创造性，促使他们完善自己的人格。

教育者可以采取形式多样的心理健康教育活动来帮助学生提高自我调节、适应社会的能力。学校可以适当地开展心理健康教育课，宣传普及心理健康知识，帮助学生进行自我诊断，让他们不再因为一点点小问题就给自己很大的心理压力。

同时，教育者还可以尝试着开展社会实践活动，借此来拓宽学生的视野，锻炼学生的人格，从而使学生的社会适应能力大大增强。

大众传媒如何悄然影响你的人格

心理学家库尔特·勒温说过：“人的行为是个体与其周围环境相互作用的结果。”大众传媒作为现今社会比较重要的环境因素，对个体人格的塑造有着不可忽视的作用。人的大多数行为都是通过观察生活中的一些示范，并将其作为行动指导而学会的，而大众传媒正是这些行为示范的一个重要来源。

近年来，大众传媒得到了快速的发展，在人们生活中的方方面面都扮演着重要的角色。随着大众传媒的发展，人们接收知识的渠道更为广泛，日复一日地接收着大众传媒提供的大量信息和知识。这些信息和知识对人们的价值观念、道德观念形成都有着潜移默化的作用。

大众传媒传播渠道广、速度快，内容更是丰富无比，既有正面的，也有负面的。因此，大众传媒对人们的生活也会产生正面或负面的影响。如果大众传媒坚持了正确的舆论导向，传播的是有教育意义的文娱节目，那么这些节目就会成为人们获取信息和知识的丰富来源。人们在这些媒介中获得大量信息的同时，也是在接受教育。在正确舆论的影响下，人们可以树立是非观念，树立正确的人生观、价值观，形成健康、健全的人格。大众传媒也将成为积极引导观众，倡导一定的行为准则与规范的榜样。尤其是对青少年来说，正确的舆论导向可以用榜样的力量来培养他们健康的人格，帮助他们养成良好的行为习惯。

凡事都有两面性。如果媒体不能完整、客观地报道某件事，就很容易使观众失去辨别能力，对现状认识不清。如果大众传媒对低俗内容的审核把关不到位，也容易降低大众的审美能力，导致大众文化水平的倒退。比如，一些崇尚暴力内容的传播就容易导致个别青少年盲目崇拜或模仿，这对青少年健康人格的形成是极为不利的。

小雯是一个非常沉迷于网络的年轻人，她还是个喜欢混粉圈的追星族。为了支持自己的偶像，小雯几乎一闲下来就会泡在网上看一些和自己偶像相关的帖子。小雯还会长期待在粉丝群里，听粉丝群里传达的信息，一旦有人说自己的偶像不好，她就会在粉丝群的引导下认为对方是黑粉。她凡事都听粉丝群的，所以经常在网上和人吵架，还会因为经纪公司给偶像的资源不好，和其他粉丝一起大骂经纪公司。

小雯不仅在网上追星，连一些时事新闻也只相信网友说的。有一次，网上出现了一条负面新闻。这条新闻刚报道没多久，网上就出现了各种谣言。小雯是一个极易被煽动的人，在事实真相公布之前，她对这些谣言深信不疑。小雯自己听信谣言就算了，还在同事间散布这些观点。有的同事听不下去就说了一句："事实真相在调查清楚之前，大家还是少听信小道消息比较好吧？"

小雯当场就和同事翻了脸，还攻击同事说对方没有同情心。小雯这么一闹，把同事搞得很尴尬，也不知道说什么好了。事后，这个同事专门找小雯解释，告诉小雯现在网上谣言太多，自己只是希望大家不要盲从而已。小雯不接受同事的说法，坚持认为对方是事不关己高高挂起，对受害者没有同情心。同事见小雯如此不讲道理，很是不理解地走了。

慢慢地，小雯发现公司里的人都不愿意和她讨论什么问题了，有时候关系好的几个同事出去聚餐也没再叫她。小雯觉得自己被孤立了，没多久就辞职了。

小雯作为一个成年人，被大众传媒的不良信息所误导，只相信网上传播的一些谣言，这给她的工作和人际关系都带来了不好的影响。只是她还没意识到自己已经成了不良网络信息的受害者，还没学会更理性地分辨自己接收到的各种信息。

第一，对不确定的媒体信息要做到合理怀疑。在面对不确定的信息时，尤其是忽然出现的爆炸性消息时，我们要做出合理怀疑，通过各种渠道进行多方求证，不要被不实传言所误导。

第二，要对短时间出现的疑似炒作的爆炸性消息保留自己的看法。这类信息通常能够很好地抓住网民的某种心理需求，利用互联网平台迅速传播。尽管这种信息不一定是虚假的，但我们也要保留自己的观点，不能被这类炒作牵着鼻子走。

自我调控：完善与塑造人格的内因

人格的形成是先天和后天的产物，是内因与外因、遗传与环境相互作用的结果。其中，自我调控系统是影响人格形成的内因，它能够调节个体人格的成分，保证个体人格的完整、统一与和谐。每个人都要花费一生的时间，依靠自我调控系统去完成自我人格的塑造。

人格是一个有机整体，由多种成分构成，这些成分具有内在的一致性，受自我调控系统，也就是自我意识的调控。个体的人格是否统一、和谐是检验其心理是否健康的重要指标之一。当个体人格各方面的结构都彼此和谐一致时，其人格就是健康的。但当个体的人格出现不稳定的情况时，其人格就是不健康的，会导致个体出现适应困难，甚至出现人格障碍的症状。

人格的统一性是指个体人格内部的各种因素在个体处于不同事态面前的表现是完整的、一致的。从本质上说，个体人格的统一性是人格内部各种因素的综合特征，是个体统率自己心理内容的方式和能力。

但是人格的统一性并不代表对外界的服从和顺从，所以个体人格还具有独特性的特征。没有独特性的人格实际上也是不和谐的，因为没有独立人格的个体只会顺从外界的权威和力量来选择自己的行动。所以，简单来说，没有独特性人格的人是没有自己的思考和主张的人，其人格也是不健康的。

人格的统一性还包括人的生理特性和社会特性的统一，这两者都是不可偏废的。虽然有人认为生理特性在人格中起主导作用，但是也有人强调社会特性的主导作用，这种争议的存在恰好说明了它们对人格的影响都应予以重视。比如，同样或相似类型的体质、气质在不同环境中的表现形式是完全不同的，这就是生理特性和社会特性起了作用的原因。

自我调控系统作为人格的调控系统，如果发展不完善，很容易让个体的人格受到不良影响，形成不好的性格。所以，打开自我调控系统，才能实现人格的和谐统一。

小白是一个情绪不太稳定的人，她是家中的独生女，一直被爸妈当成掌上明珠，从小到大她提的要求几乎都会被满足。优越的家庭条件让小白养成了娇生惯养的毛病，一旦有人不合她的意，她就会生闷气。她在家里呼风唤雨就罢了，在外面也希望别人都能事事顺着自己。上学时，她就因为经常和同学闹矛盾搞得自己郁郁寡欢。同学们也都知道小白的脾气，和她交往的时候总是小心翼翼的，除非有必要才接触。小白不仅和同学生闷气，有时候在学校里遇到不高兴的事，她回到家还会和爸爸妈妈生气。她这个喜怒无常的性格，让爸爸妈妈也不知道该怎么对待才好。

小白也知道自己的性格不好，进入社会后，她才发现自己不稳定的情绪会给她带来多大的麻烦。有时她和同事正兴高采烈地讨论一个问题，就因为同事提了一个她不认同的意见，她的情绪就会立刻变得低沉，也懒得给同事好脸色了。次数多了之后，同事都觉得小白很难相处，慢慢地，小白就被同事们孤立了。午休时，没人再找小白聊天，工作上有什么问题，大家也不再找小白讨论。小白知道大家都是因为自己的性格不稳定才不太喜欢她，但是她也不知道自己该怎么办才好。

小白就是因为没有打开自我调控系统，所以才没有自我控制力，因此形成了一个非常不稳定的人格。自我调控系统是自我意识的重要组成部分，它是个体对自身的心理和行为的主动掌握，是个体在没有外界监督的情况下，适当地控制、调节自己的认知、情感、行为的一种能力。

一个人只有正确地认识和评价自己，才能提高自我控制的动机水平。以下是一些提高自我调控能力的建议。

1. 加强思想修养。

一个人的思想素质在一定程度上决定了一个人的自制力。一般来说，具有崇高理想抱负的人自控能力要强很多，因为他们对人生有更高的追求，不会为了一些小事就控制不住自己的情绪，出现不良行为。因此，想提高自制力，首先就要加强思想修养，树立正确的人生观、世界观和价值观。

2. 提高文化素养。

一个人的文化素养和他的自控能力呈正向关系，文化素质较高的人可以更全面地看问题，更正确地认识自我和他人的关系，从而促使自己自觉地进行自我控制、自我完善。

3. 稳定自己的情绪。

稳定的情绪是自我控制的根本，合理发泄、转移注意力等方法都可以帮助我们稳定自己的情绪。当我们情绪稳定之后，就可以避免冲动行事，以免做出不好的行为。

4. 要强化意志力量。

意志独立的人一般对自己的奋斗目标都有高度的自觉，只要是自己经过实践并认准的事，他们就会义无反顾地做下去，想方设法达到自己的预期。所以，强化意志的力量可以让自己的人格变得更加稳定，不会因为别人的评价而动摇自己。

第三章

CHAPTER 03

认知自我，描绘属于你的人格画像

自我身份定位：困惑与探寻

一个人的身份是由社会规范、情境需要所决定的，没有哪个人的身份是一成不变的。每个人在不同的时间，不同的地点所采用的身份都是不同的。没有这些身份的赋形，个体的自我也是无法成立的。所以一个人虽然在社会上扮演着不同的角色和身份，但他不过是通过不同身份来不断确认真实的自我。

自我并不是一个虚幻的影像，而是个体不断在社会实践中展现的统一意志，这就是许多学者主张的完整、统一和内在一致的自我。虽然个体的身份在不同的情境中都具有临时性，但是个体的自我仍然是他各种不同身份的出发点，这些不同的身份展现出的品质相叠加就构成了一个相对完整、统一的自我。

比如，一位男性在家庭里是慈爱的父亲，而在工作岗位上也许会变成一个严厉的项目经理，在父母面前又变成了一个孝顺的儿子。这位男性在不同的情境下都会有不同的身份，这些身份展现的都是他自我的一部分，他的自我也就是不同身份的集合。我们也可以说一个人的身份是社会性的，而他的自我则是人格的主体。

每个人都有一个主导的人格特质，这种特质代表了本质的自我，而准确的身份定位正是分辨主导人格的关键。当我们有了准确的自我身份定位后，我们才能知道自己想要成为一个什么样的人，拥有一个什么样的人格。然后，我们努力朝着这个目标发展，就可以拥有一个稳固的人格根基，让我们人格内涵的自然外化能够有一个积极的呈现，比如得体的言谈举止或者优秀的待人接物的能力。

小艾有一个双胞胎姐姐，姐姐只比她早出生一会儿，却成了她从小到大的比较对象。小艾和姐姐长得像是一个模子刻出来的，妈妈从小就喜欢给她和姐姐穿一样的衣服。姐妹俩出门时，不熟的人常常会把她们搞混。

小艾一直和姐姐念同一所学校，两人也总被分到一个班级里。从小学到中学，小艾都被姐姐压一头，因为姐姐的成绩一直比她好。小艾从小就没什么自我，做什么都向姐姐学习，成为姐姐那样的人一直是她的追求。但是小艾可以在成绩方面学习姐姐，性格上却没办法像姐姐一样大方开朗。虽然她没比姐姐晚出生多久，但是在父母的眼里，小艾还是家里最小的孩子。姐姐一直被父母教导要照顾妹妹，于是早早就养成了独立的性格，处事果断，从不拖泥带水。小艾却是个做事犹豫不决的性格，因为很多事都是姐姐在替她做决定，小艾慢慢变得很依赖姐姐，她自己也缺乏主见，不善交际，给人感觉她是个非常内向的孩子。

小艾一直不喜欢自己的性格，觉得自己应该成为像姐姐一样的人，所以她做了一个让全家人震惊的决定，她没有和姐姐报同一所大学，而是选择了一个离家很远的外省大学。这个决定让父母很担心，不知道小艾离家后能不能照顾好自己。小艾却觉得这是个很好的锻炼机会，离开姐姐的照顾后，也许她也能变成一个像姐姐一样独立的人。

小艾上了大学后，终于开始了自己独立的生活，但是她并没有像自己想象的那样成为一个独立果敢的人。她还是内向安静，不善言辞，但是她觉得自己反而找到了更适合自己的身份定位。她虽然不善言辞，但是性格温和、沉稳，很受同学们的信任，还当选了班里的生活委员。小艾也终于明白成为姐姐那样的人并不是她的人生追求，成为自己才是她应该做的。

每个人的身份都是多面的，我们应该如何扬长避短，更好地定位自己的身份呢？

第一，避免自我角色的错乱。每个人对自己的身份都有一定的角色期望，但是这个预期并不一定在每个场合下都符合我们的身份。比如，一个人在公司里可以做一个严厉的管理者，但是回到家中就不应该再抱着黑白分明的态度和家人沟通。这时就应该转换自己的身份，让自己从管理者的身份转换为家人，给家人更多的爱，而不是生硬的道理。所以，不同的场合要有不同的身份定位，这样才不会给别人带来一种违和感。

第二，要进行身份定位，可以多总结自己的经历，看自己在这些经历中得到了什么、失去了什么，自己的优点是什么、缺点又是什么。这样也可以正确地进行自我定位，避免自我身份的错位。

自我认识：把自己的“洋葱头”剥开

自我认识也叫自我意识，是个体对自己的行为和心理状态的认知，是一种对自我存在的觉察。瑞士心理学家卡尔·古斯塔夫·荣格提出，自我意识能够接受、认同和吸纳的那部分将变成个体人格的一部分。

自我认识存在两种相反的倾向，这种倾向一直处于矛盾冲突之中。一方面，自我认识是个人对社会的妥协，因为每个人都离不开社会，每个人的自我都必须与外部世界发生联系。个体认识到了这一点，于是在与社会的联系中会采取与社会一致的态度行为，这方面自我就是与社会共生的一部分。另一方面，个体又希望自我是足够独立自主的，不受任何形式的约束，是真正的自己。

因此，一个人的自我呈现也许是大家期望看到的自己，是大家喜欢的自己，而非真正的自己。这样的自我意识是人们适应社会的必然结果，对个人或社会都具有积极意义。同时，这种自我意识又具有欺骗性，是为了向外界树立良好形象的一种自我保护。我们想完成自我认识，必须剥开层层伪装，找到那个被假象掩盖了的真实的自己。

小米是家中的独子，他的父母文化水平不高，一直在外打工。虽然小米家的经济条件一般，但是家庭氛围很和睦，他很少见到父母争吵。小米自幼被父母严格管教，成绩一直不错，是个很听话的孩子。按理说，小米应该是一个循规蹈矩的孩子，但是小米刚进大学就一直和宿舍的同学闹矛盾，老师不停地给他做思想工作。

原来，小米虽然嘴上不说，但他心里一直有个心病，就是嫌自己的个子太矮。从小他就因为个头矮小经常被人欺负，父母都是老实巴交的人，总是教小米忍一忍，只要自己安全就别惹事。小米也很听父母的话，受欺负的时候经常默不作声。

就这样过完了整个小学和中学时期，小米终于凭借自己的努力考入了理想的大学。进入大学后，小米觉得自己终于不必为了身高而烦恼了，他有了好的学历，将来肯定会有一个好的前途，身高这种自己改变不了的事不应该再成为他的困扰。

但是事实和小米想得不太一样，同宿舍的同学还是会拿他的身高开玩笑。尤其是其他人都谈恋爱了，只有小米没找到女朋友。大家都开玩笑，说小米肯定是因为身高太矮才没有女孩喜欢的。小米觉得自己并不是懦弱的人，他不想再像以前一样忍气吞声了。所以，小米经常和同宿舍的同学产生矛盾，成绩也开始下滑。

老师了解了小米的情况后，苦口婆心地劝小米说："老师知道你不是一个懦弱的人，但是你也不能从一个极端走向另一个极端，不懦弱不代表放任自己，你现在动不动就火冒三丈，和同学发生冲突，这就是你认为的真实的自己吗？"

小米被老师的话点醒了，他开始剖析自己的内心，然后他发现了自己的真实心理。他之所以和同学相处得不好，是因为他既不愿意去讨好别人，又不愿意承认自己的自卑，所以才会这么矛盾。认识到这一点，小米觉得自己首先要做的就是勇敢地面对自己的短处，身高是父母给的，长得矮也不是什么丢人的事。所以，再遇到同学嘲笑自己的身高时，小米不再发火，而是一笑置之。渐渐地，嘲笑小米的同学越来越少了。小米慢慢变得自信起来，不过他知道认识自我是一条很远的路，他还需要继续努力。

为了避免进入自我认识的误区，我们必须学会正确的自我认识的方法，下面给大家两条建议，希望能够帮助大家更好地认识自我。

1. 自我观察。

自我观察就是要客观地认识自己的身心状态和人际关系，不必因为身高、外貌等外部条件引发不适宜的自豪或自卑的情绪。在自我观察的过程中，我们还要有目的地、自觉地调节和控制我们的行为和想法。只有这样，我们才能真正做到剖析自我、认识自我，更好地做到外在和内在自我的统一。

2. 他人评价。

所谓“旁观者清”，他人的评价是自我认识的一个参照物。我们在认识自己的过程中，必须虚心听取他人的意见，同时又要客观、冷静地分析他人的评价，让我们能够从多个角度来认识自己。

乔哈里窗：发现你的人格特质

美国心理学家乔瑟福·拉夫和哈里·英格汉姆从自我概念的角度出发，对人际沟通进行了深入研究，并且得出了一个结论：人对自己的认识是一个不断探索的过程。他们认为人际沟通的信息包括自我的四个部分，就像一扇窗的四个区域，它们分别是开放区、盲目区、隐藏区、未知区。人与人之间的有效沟通就是这四个区域的有机融合，这就是“乔哈里窗”理论。

1. 开放区：自己知道，别人也知道。

开放区的信息是相对公开的信息，如个人的姓名、部分经历和爱好等。在人际交往中，开放区是自我最基本的信息，也是了解自我、评价自我的基本依据。沟通双方共同的开放区越多，沟通起来也就越便利。

2. 盲目区：自己不知道，别人可能知道。

盲目区是相对自己而言的，如一个人性格上的缺点和不好的习惯，有时候自己不知道，别人却了解得一清二楚。盲目区与自我观察、自我反省能力有关，如果一个人没有博大的胸襟、开放的胸怀，就无法容纳一些直言不讳的批评，这个人的盲目区也就有可能越来越大。因此每个人都应该学会聆听，重视他人对自己的反馈，只有接受别人的意见才能不断地缩小自己的盲目区，走向成功之路。

3. 隐藏区：自己知道，别人不知道。

隐藏区是个绝对隐秘的区域，这个区域是每个人的隐私地带，不会向他人开放。隐藏区的信息包括某个人的经历、心愿、秘密以及癖好等，这些信息需要一个私密的心灵空间，这个心灵空间也是正常的心理需要。每个人都有自己的隐私，适度的自我隐藏可以带给自己一定的安全感。但是如果隐藏的自我太多则容易变成自我封闭，无法与外界进行真实有效的沟通。

4. 未知区：自己不知道，别人也不知道。

未知区是一个人的潜意识领域，这部分领域是未经探索和开发的，其中隐藏的信息不仅别人不知道，就连个体自己也没有察觉。未知区对每个人来说都是尚待挖掘的全新领域，对这个领域的探索能够让个体更加深入地认识自我、发展自我、超越自我。所以，未知区也是潜力区，一个人只有学会挖掘潜力，才能收获惊喜。

简单来说，每个人目前已知的信息区域只有开放区和隐藏区，开放区是人人都具备的公开信息，这些信息“你知我知”，对沟通双方来说都不是秘密。隐藏区则是“我知你不知”的秘密领域，这也是个体需要充分发挥的那部分领域。而盲目区和未知区对个体而言都是未知的，是亟待个体探索开发的全新领域。

小果毕业后和同学小浩一起进入了一家广告公司做业务，他进了公司的业务一组，小浩进了二组。一组和二组共用一个大办公室，小果上班后经常听到小浩所在的二组的经理整天在办公室里训斥自己的下属。二组的业务员每天被骂得像个鹌鹑一样，但是一句话都不敢反驳。因为二组的经理是公司的销售王牌，业务能力一骑绝尘，连销售总监也不敢对他指手画脚。

而负责小果这组的经理却像个和事佬，他的口头禅就是“业务员都是大熊猫，说不得，碰不得”。小果的经理老是担心业务员被骂狠了就撂挑子不干了，到时候业绩上不来，大家都要扣绩效。就这样，好脾气的一组经理一个人活成了一个团队，整个团队的业绩指标都是靠他一个人完成的。一组经理天天忙得团团转，月底的业绩还是不如二组。

二组不仅业绩好，业务员成长也快，就在小果还没拉到项目的时候，一起进公司的同学小浩已经签了两单了。眼看着自己落后了那么多，小果向小浩虚心请教，询问他是怎么签到订单的。小浩对小果说，经理骂他们是好事，要不然自己永远不知道问题出在哪里，要不是经理经常训他，他可能还懵懵懂懂的，不知道怎么去谈业务。

同样的内部培训、同样的资源扶持，两个团队的表现却是天壤之别。小果明白过来，也许这就是团队管理者的沟通技巧不同吧，二组经理就是个善用乔哈里窗的管理者，他不怕员工不满，一直坚持及时反馈，这才激发了下属们的潜能。

每个人的潜能都值得去努力挖掘，一个从来没有上台演讲过的人也许永远不会知道自己也有可能是一个优秀的演讲者。只有努力探索，挖掘自己的潜力，才能完整地认识自己，发现自己的人格特质。那么该如何应用乔哈里窗理论，发现自己的人格特质呢？

第一，要学会自我揭露。

自我揭露就是要打开心门，诚实地与他人分享自己的感受，或者偶尔向别人展现自己不为人知的一面。这样一来，个体的隐藏区就会变小，开放区会随之扩大，自己的人格特质也会更明显地表现出来。

第二，关注他人的回馈。

他人的回馈，可以让我们发现一些自己都没察觉到的有关自己的事，我们的盲目区会因为他人的反馈变小，使我们对自己的人格特质有进一步的了解。如果身边的人没有及时回馈，我们也可以主动询问，积极地缩小自己的盲目区。

需要注意的是，不论是自我揭露还是他人的回馈，都要把握好一个度。不要勉强自己分享隐藏的秘密，如痛苦的经历、自身的缺陷等，这些信息的公布如果会伤害到自己就不必展露出来。

对每个人而言，自我揭露和他人回馈都可以帮助我们发掘自己的未知区域，从而更加深入地认识自我，挖掘潜力，提高人生的品质。

个人建构，摘掉别人给的“帽子”

个人建构理论的提出者是美国心理学家乔治·亚历山大·凯利，该理论强调了认知在人格的形成和发展中的作用，个人建构也是个体对世界的独特理解。

个人经历中积累的经验，产生的思想观念以及人对客观存在的认识等，都是影响人格形成、发展的主要因素。

凯利在个人建构理论中提出了两个观点：一是人人都可以被看作一个初级的科学家；二是个体都会以自己的方式创立建构，并通过这个建构去解释世界。从第二点来看，个人建构是个体特有的看待世界的模式。但需要注意的是，个体的建构并不会像科学家那样有着严格的标准，个人建构更像是常识性的、真实性的知识积累。

世界是在不停变化的，所以个人建构也要随之修正和替换，个体可以不断改变建构以适应现实，以便更有效地建构自己的世界。在形成建构的过程中，个体可以绝对自由地选择自己的建构，但被创造出来的建构对主体有制约作用，影响个体对待世界和人生的方式。

简单地说，人能自由地解释世界，但解释世界的方法却是受自己的建构约束的。一个人会根据自己的建构确定自己在解释世界时的自由和受限制程度，那些面对环境的变化一成不变、顽固死板的人，往往会成为环境变化的受害者。相反，那些能够及时做出改变，适应当前环境的人，则更有机会修正、完善自己的建构。

小凌上大学之前一直是老师最喜欢的那种学生，他听话、刻苦，学习上主动性强，课前知道预习，课后也会认真复习，所以他的成绩一直在班里名列前茅。但是上大学后，小凌忽然感到有些不适应，虽然他还是一样刻苦努力，可是在课堂上的表现却一般般。他发现自己没有像同学们那样擅长发散思维，只会死读书，而不会拓展课外知识，所以上讨论课时，他经常是小组里表现最差的一个。

因为小凌在学习小组中的表现不好，有的同学就开始给小凌起外号，叫他“死板小王子”，说他只知道书本里的知识，其他的一窍不通。小凌在这种打击中慢慢变得有些不自信，他在上课时也没有那么积极了。老师发现小凌情绪低落，很关心他发生了什么事，于是小凌把自己的想法告诉了老师。老师开导他说："如果你不聪明的话，想考进这所大学也不是那么容易的事，所以不要轻易怀疑自己的能力。我觉得你应该开拓下思维，大学生跟高中生的学习方法是不一样的，大学是一个大开眼界的地方，多学习新知识也许你的看法就会改变了。"

小凌听了老师的劝解后，开始尝试着打破课本的局限，查询更多相关的知识来开阔自己的眼界。慢慢地，他发现自己的思路打开了，心结也打开了。他想自己根本不是什么"死板小王子"，他之前只是没学会改变固有思维而已。

小凌就是因为在环境改变后没有改变自己的固有认知，这才成了环境变化的受害者。如果你也有小凌存在的问题，并且想有所改变，可以试试凯利独创的具有个人建构理论特色的治疗方式——角色固定疗法，就是帮助我们建立新的建构，完善原有的建构。角色固定疗法有以下两个步骤。

1. 弄清楚当事人眼中的世界建构。

自我测验可以确定当事人眼中的世界建构，如果当事人的建构比较松散，可提供一些范例作为标准，让其把建构搞得紧凑一些。

2. 固定角色治疗。

固定角色治疗就是让当事人扮演与他本人差异显著的另一种人格，促使当事人用一种新的方式来行动，以新的方式来看待自己。这种疗法的核心就是要让当事人按新的角色去思想，去行动。如果当事人能够自然地接受新角色并加以内化，其心理障碍就不复存在了。

正念：找到自我，看到世界

正念是一种身心训练的方式，是指有目的地、有意识地关注、觉察当下的一切，但是对观察到的一切不做任何分析、判断和反应，只是单纯地觉察当下的一切。正念后来发展成了一种系统的心理疗法，就是以“正念”为基础的正念疗法，包括观呼吸、躯体扫描及正念瑜伽等。

正念可以很好地疏通人们的心理问题，而且在注意力、记忆力及认知灵活性等方面对个体有着积极的影响。正念在提高个体执行力方面，也有显著功效。执行力对个体而言是一种高级的认知功能，涉及个体的抑制控制、认知转换和工作记忆等方面，执行力在人们的生活、学习中起着重要的作用。相关研究表明，执行功能的退化会给情绪、记忆带来损伤，众多心理疾病和精神障碍也被证实与执行功能有一定的关系。实验表明，正念训练恰好能够显著提升个体的认知执行功能。

正念也是修身养性、完善人格的一个好的途径。正念对人格的升华是自发的，没有来自伦理、道德的压力，正念是忠于自身的，只是单纯地觉察当下的一切，并不会做出判断和反应。

一些心理学家认为，“自我执念”是人们痛苦的根源，而正念就是剥离“自我”的过程。只要坚持修习正念，你就会发觉真正的你并不需要对客观事物抱有执着的念头，自己不必追求什么，也不必厌弃什么。有了这样的觉悟，你就会变成一个热爱自我、热爱生活、热爱一切的人。正念在完善人格方面有着积极的作用，主要表现在以下两个方面。

第一，找到自我。

正念的目的在于观察当下的一切，找到自我。一切和冲动、欲望、满足有关的情绪都有悖于正念的本来目的。正念只强调观察，个体不对所观察的事件做出反应，才能不被外界的事物所刺激，最终看到真实的自我。

第二，看到世界。

正念非常注重感受，既感受自我，也感受世界。我们需要足够的注意力才能让自己变得敏锐，用心理学的专业术语来讲，就是正念让“自我”具备了同时感受主体和客体的能力，使内在和外在的知觉变得更灵敏，个体看到的世界也会更加丰富。

小蒙这段时间过得非常焦虑，自从生了孩子之后，她发现生活中完全没有了属于自己的空间。她感觉自己每天的时间都被粗暴地分成了几个部分，一部分用来陪孩子、一部分用来做家务、一部分用来陪老人，还有一部分要用来照顾下班的老公。她完全没有了属于自己的时间，她没有时间阅读，没有时间思考，甚至没有时间刷电视剧。她整个人忙得焦头烂额，却觉得自己的忙碌没有什么意义，她就像一台机器人，机械地完成自己的任务，不需要有什么其他的想法。

小蒙的低落情绪被老公察觉后，老公很是体谅她，休了年假在家带孩子，让小蒙出去散散心。小蒙叫上了自己的好朋友，去附近的海边玩了几天。朋友了解到她的苦恼，带着她在海边静坐了一会儿。没有哭闹的孩子和烦琐的家务，小蒙终于感觉到自己的存在了，她也终于有时间思考该如何应对生活中的一切。

游玩结束后，小蒙重新面对家中的琐事，她开始尝试着平静地面对自己的生活。之后，无论每天多忙碌，她都会留一些时间阅读、思考，甚至只是让大脑放空一会儿。她也不再简单地分割自己的时间，她把陪孩子、老公、老人的时间也当成了自己的时间，享受与家人相处的感觉，想办法让自己对所做的事情提起兴趣。慢慢地，小蒙发现她有了属于自己的空间，忙碌的生活也不再让她感到焦躁。

从小蒙的经历我们可以看到，坚持用正念的方法看待生活的人往往就能破除“执念”，找到真实的自我。当达到这样一种自我超越的境界后，我们就不会再向别人掩饰什么，从而摆脱各种面具，做回真诚的自己。

正念的练习方法有很多种，心理学疗法中有观呼吸、躯体扫描、观想法等。

下面为大家介绍几个心理学疗法中的正念练习方法。

1. 观呼吸法。

观察自己最明显的呼吸部位，可以是鼻尖，可以是胸腔，也可以是腹部。确定这个部位后，认真观察呼吸给这个部位带来的感觉，如感受鼻端气息进出的感觉；感受胸部的起伏变化；或者感受腹部的胀缩感。

在观察的过程中，不要变换呼吸的部位，也不要刻意地控制气息，只需要把注意力集中在呼吸上即可。坚持一会儿后，你就会发现自己的注意力会从呼吸上离开。此时，我们要温和地把注意力拉回到对呼吸的感觉上。

2. 躯体扫描法。

躯体扫描就是感受自己身体的每一个部位，把自己的觉知想象成一束光从头顶开始，从上到下，从里到外，扫描身体的所有部位。在这个过程中，你可以感受到身体的多种状态，比如冷、热、痛、痒等，即使整个过程中你都没有特殊的感觉，这也是一种感觉。

3. 观想法。

观想法就是观察自己念头的出现、变化和消失。据科学统计，每个人一天大概会产生 6 万多个念头。当一个念头出现的时候，我们可以做三次深呼吸，把自己的注意力带向这个念头，并命名这个念头，比如“回忆”“想象”等。一旦念头被命名，就会很快地瓦解或消失。我们要留意念头消失的过程，然后把注意力重新带回到对呼吸或身体的感受上来。

提升自我觉知力，成为内心的观察者

觉知是我们对外界事物的认识，而自我觉知是个体对自己的认识或有意识的内部主观状态。具体来说，自我觉知是个体对自己的生理属性、社会属性和心理属性及其状态的认识和了解，包括对自己的形体、容貌，社会角色、地位，自己的感知、记忆、思维、价值观等方面的觉知或意识。

简单来说，自我觉知就是个体跳出自我的视角来观察自己的能力。在心理学家的进一步研究下，自我觉知还分出了“客体自我觉知”和“主体自我觉知”的概念。客体自我觉知是指个体成了自己意识的客体，这种情况一般发生在人们的注意力指向内部，或者个人的意识集中于自身时。而主体自我觉知则是指个体体验到自己，并成为自身感知及行动的根源。

自我觉知是一种对“我”的内在观察，这种观察对事件归因存在一定的影响。高自我觉知者通常会将成功归因于自己，而低自我觉知者通常会将成功归因于外部，因此，高自我觉知者比低自我觉知者拥有更高的状态自尊。

小羽刚升任人事主管时，心理压力很大，因为她在人事这个岗位上工作的时间不长，和当时一起竞聘的副主管是没法比的。但没想到的是，她居然得到了总经理的认可，被提拔到了主管的位子，这让她有些受宠若惊。

小羽当上人事主管后非常在意别人对自己的看法，她怕别人觉得她能力不够，所以每天在工作岗位上都兢兢业业的，比她做一名小职员的时候还累。就这样忙忙碌碌地过了两个多月，小羽发现自己的工作还算顺利，竞聘失败的副主管也没有因此对她有什么不满，还是像以前一样按部就班地做自己的工作。小羽开始反思自己是不是紧张过头了，其实别人并没有那么关注自己。

小羽意识到这个问题后养成了一个习惯，她开始慢慢记录自己每天的生活。她发现自己的工作能力其实不差，之前的担心只是没有自信而已。对自己生活的记录让她有一种自我觉察的感觉，她把每天的工作和感悟写下来就像是完成了自我觉察的过程。

当小羽开始注重体会自己的感受时，她反而没有那么在意别人对她的看法了。因为她开始发现自己的优点，能够自信地把成功归因于自己了。

提升自我觉知力可以让个体成为内心的观察者，明显对个体的心理健康有利。

第一，自我觉知可以提高人们的自我控制力，并使其更好地达到社会标准。高自我觉知的人比低自我觉知的人能够更好地意识到自我和外在标准之间的差距，因此会努力提升自己以期减少这种差距。

第二，自我觉知能提高人们的自尊水平。高自我觉知者往往会将成功归因于自身，这种归因将提高个体的自信心和自尊感。自我觉知则促进了人们对成功的内部归因，可以帮低自尊者提高自尊的状态。

与潜意识对话，发现未知的自己

潜意识是人们已经发生但并未达到意识状态的心理活动，简言之就是人类心理活动中未被觉察的那一部分。奥地利心理学家西格蒙德·弗洛伊德将潜意识分为无意识和前意识两部分，前者是被压抑且不能变成有意识的潜意识，后者则是可以转化为有意识的潜意识。

潜意识是无法被察觉的，包括本能、冲动、童年印记、观念、人格等一系列因素。我们看待自己和他人的方式，生死攸关时做出的判断以及本能的行动，皆是潜意识影响意识体验的方式。

从本质上来说，一个人的命运和潜意识息息相关，当你在乎别人对你的看法时，说明你在潜意识里是认同这种看法的。从这个层面上来说，我们如果想要变得强大自信，让内心充满对抗负面评价的力量，就必须学会利用潜意识重塑自己的信心，提高自己应对外界各种声音的能力。

学会利用潜意识就是要学会洞察自己，调整好自己的习惯，让自己变得更强大，从而去对抗那些消极的话语。慢慢地你就会发现，在与潜意识对话的过程中，你在不知不觉中已经完成了成长的过程，自我也得到了重塑。这就是潜意识带给我们的力量，当我们用潜意识重新塑造自我的时候，就会获得一个全新的自我。

小旭是个刚毕业的大学生，在老师的帮助下，他进了一家公司做文员。这家公司的老板是小旭老师的朋友，对小旭很是照顾。老师之所以帮小旭找工作，是因为小旭的性格太腼腆了，讲话时还有点啰唆，听起来像结巴一样。老师怕他面试时紧张，找工作有困难，这才介绍他进了朋友的公司。

小旭虽然性格内向，但是他能力不错，上司交办的任务都能很快完成，他写的项目书一般都不怎么需要修改。但是小旭说话啰唆这个毛病限制了他在公司的发展，因为就算上司想升他的职，也担心他胜任不了管理工作。

小旭知道长此以往下去，文员也许就是自己职业生涯的终点了。为此，小旭去看了心理医生，学会了用潜意识的力量改正自己的毛病。为了改变这个习惯，小旭在头脑里一次次地演绎用简洁精练的语言讲话的样子，时间长了，小旭发现自己在和同事沟通的时候流畅了很多，不再像以前一样，一件事讲半天讲不明白。有一天，项目经理要听项目汇报，项目组长正好去见客户了，同事们就把最熟悉项目的小旭推上去汇报。小旭做了一番心理建设后，在会议室里对着自己做好的PPT开始向项目经理汇报。小旭汇报时发现自己再也不啰唆了，他的好习惯已经建立起来，啰唆这个毛病居然就这样不治而愈了。

小旭的经历告诉我们，通过潜意识进行自我调节，对改善身心健康，建立良好的习惯是非常有效的。下面是与潜意识对话的方法，希望可以给大家带来一些参考。

1. 学会洞察自己——与潜意识对话的第一步。

学会洞察自己是与潜意识对话的第一步，只有深度了解自己才能唤醒自己的潜能。洞察自己就是全面地了解自己，可以用心理暗示把自己的潜能激发出来，打开我们隐藏在内心深处的大门，认识自己真正的力量。

2. 控制潜意识——与潜意识对话的终极目标。

心理学家曾发现，很多成功人士都有控制潜意识的经验，当一个人能够察觉到自己的意识，并知道如何去除其中的消极因素时，这个人就可以控制自己的潜意识，通过心理暗示告诉自己想成为哪一种人，其内在的潜意识就会带领他努力去实现这个目标。

自我体验：逐步获得自我价值感

自我体验是自我意识的情感表现，它是伴随着自我认识而产生的。而自我认识也是一种内心体验，这种体验表现出了主我对客我的一种态度。自我体验反映了主我与客我之间的需要与现实的关系。如果主我的需要被满足，那么个体就会产生积极的自我体验；如果主我的需要没有被满足，个体就会产生消极的自我体验。

自我体验的目的就是获得自我价值感，自我价值感是个体对自己的态度与情感，包括自尊、自卑等情绪，这些情绪也是在个体对自己的判断、评价的基础上产生的。高度的自我价值感能够让个体获得高度的自尊，有一种被外界重视的感觉。

那么，自我体验是如何提升自我价值感的呢？

第一，重视自我体验等于重视自己。个体可以通过自我体验，更深切地体会自己的感受，了解自己的需求，从而学会尊重并接纳自己。重视自我体验后，就可以在人际关系中摆脱讨好他人的心理，不再成为交际中自我牺牲的那一方。

第二，重视自我体验可以更好地进行自我表达。重视、尊重自我体验后，个体才能更好地进行自我表达，懂得为自己的需求发声。这样就不会因为自己的表达障碍，而被别人理所当然地忽略掉。

因此，重视自我体验就是重视自己的感受与需求，这既是尊重自己的表现，也是提升自我价值的一个好方法。

小莉在高考时发挥不好，没能考进理想的大学，这让本来成绩优异的她一直耿耿于怀。进入大学后，小莉一直努力学习，几乎每个学期都能拿到奖学金。但高考失利一直是小莉的一块心病，无论她取得的成绩有多好，她都觉得还不够，无法弥补自己没考进理想大学的遗憾。

到了大四时，别人都在准备考研或找工作，小莉已经因为成绩优异被保送了本校的研究生。听到这个消息，同学们都很羡慕小莉，小莉本人倒是没有多高兴，她想放弃保研，希望靠自己的努力考取理想大学的研究生。

一直很看好小莉的导师知道她的想法后，找她谈了谈心，老师说："虽然咱们学校不如你喜欢的那所学校名气大，但是你现在读的这个专业在我们学校是最强的，在全国也是数一数二的，你想去的那个学校在这个专业方面反而没有我们学校强。我听同学说，你是因为高考发挥不好才进的我们学校，不要让失败体验占了上风，还是要看到自己的优点。"

小莉知道导师说得有道理，她也明白过来，现在最重要的是弄明白自己想要的是什么，什么样的选择才是对自己最好的。她想，等自己搞明白了这些，她一定能做出正确的选择。

小莉明显是被消极否定的失败感主导了情绪，才一直认识不到自己的优点，所以无法体会到自豪感，只能感受到羞耻感。当我们遇到这种情况时，该如何解决呢？

1. 正确评估自己。

正确评估自己首先就是要肯定自己的价值，我们可以罗列出自己的优点，从中发现自己的天赋是什么。当然，在这个过程中，我们必须做到客观地审视自己，既不要过分地高估自己的能力，也不要太在意外界的负面评价。

那么如何才能判断我们对自己的评价是否客观呢？可以将自我评价和他人评价进行比较，如果二者相去甚远，那就说明我们的自我评估有偏差，接下来就要找到偏差的根源，及时进行纠正。当能够正确评估自己时，我们就可以充分认识到自己的优点，从而提高自尊和自我价值感。

2. 积极自我接纳。

人的自我价值观缺失主要是自我否定造成的，而自我接纳则是自我肯定的有效方法。自我接纳首先要正视客观的自我，包括自己的身体特征、性格特点、家庭背景等。然后在正视自我的基础上接纳自己本来的样子，再一步步去塑造自己期待的自我。这个塑造自我的过程，也是提高自我价值感的过程。

自我监控：发挥自我教导与约束的力量

自我监控贯穿于人类的各种活动中，是个体为了达到预期目标对实践过程进行计划、监察、评价、反馈、控制和调节的过程。自我监控是一种积极手段，包括自我体验、自我观察、自我监督、自我控制和自我调节。自我监控是人生的必修课，只有积极的自我监控才能让自己变得更优秀，活得更精彩。自我监控具有以下几个特征。

1. 能动性。

能动性体现的是个体的主观意志，自主、独立、自觉地监控自己的实践活动就是自我监控能动性的体现。

2. 反馈性。

所有监控都是建立在信息反馈基础上的，其中自我监控的反馈水平更高。这种反馈要求个体不断地获取自身实践活动中的各种信息变化，以便测试整个活动的效果。自我监控中的反馈还具有很强的连续性和循环性，因为不同于其他监控系统中的反馈机制，自我监控的反馈主体和客体是同一个体。

3. 调节性。

调节就是根据反馈信息和预期目的，对下一步实践活动进行修正、调整。

4. 迁移性。

迁移就是把某一领域的知识技能用于另一领域。在个体的任何一种活动中，自我监控都具有广泛迁移的潜在可能。

5. 有效性。

自我监控的最终目的就是确保个体活动的有效性，自我监控的本质也是采取各种调控措施使个体的实践过程达到最优化。自我监控的有效性既有即时效应也有长时效应。使自我监控的知识、技能和经验得到发展和完善就是即时效应，而让这些知识、技能和经验在个体将来的实践活动中发挥作用就是长时效应。

最近，齐昊在工作中碰到了一个难题，这个难题说大不大，说小也不小，但却让他感到很苦恼。齐昊原本是总公司的业务主管，因为业绩出色被调到分公司去做了副总。到了新岗位后，齐昊要处理很多行政上的事务，对分公司的业务抓得就没那么严了。

齐昊自认为是个很好说话的上司，他刚到分公司上任时，因为不想给人留下“新官上任三把火”的印象，一直对分公司业务主管的工作干涉不多，谁知等他开始整理业务部门的工作时，才发现业务部一直没有按照总公司规定的流程走，连档案管理都做得比较混乱。

齐昊了解了问题后，打算给业务主管培训下业务流程，谁知业务主管觉得他好说话，一直阳奉阴违，并没有真正按照新的流程去执行。有一天，两人的矛盾终于爆发了，业务主管还觉得自己挺委屈，虽然他没按照总公司的流程走，但是他觉得自己管理的业务部并没有出什么岔子，就连齐昊提到的档案管理他也都摸得很清楚。

业务主管不配合自己，齐昊只能向总公司反映。总经理了解了这个问题后没有对分公司的业务主管提什么意见，反而对齐昊说：“我认为这件事的责任在你。”

齐昊以为总经理没搞清楚分公司存在的问题，于是又向总经理反映了一遍。总经理最后还是对他说：“这个责任还是在你。”

齐昊以为总经理对他有什么意见，但总经理却说：“你是分公司的副总就应该做好自己的管理工作，即使问题出在别的部门，你仍然负有责任。”

总经理的话一下子敲醒了齐昊，之后无论遇到什么问题，齐昊都会从自身找问题，只要没有达到自己的预期，齐昊就会不断修正自己的处理方法。养成了这个习惯后，齐昊在管理团队上越来越得心应手，业务部的业务员也在他的监督下学会了自我监督，提高了工作效率，业务部的主管也对他心服口服，真正把他当成一位副总来看待。

齐昊在管理方面的自我监控达到了很好的效果，让他实现了预期的管理效果。那么，我们该从哪几个方面提高自我监控的能力呢？

首先，自我认识。自我认识就是要对自己的习惯进行解读，认识到自己的优势与不足。好的习惯才能培养自己的优势，改掉坏习惯，培养好习惯是自我认识的根本目的。

其次，自我控制。自我控制从本质上来说就是控制自己少犯错。通过各种专业学习让自己努力改进，从而达到少犯或不犯错的程度。

最后，自我完善。自我完善是一个持续不断的过程，当我们有了新的体验时就会有新的改进。每个人的能力都是积累出来的，只有在实际行动中让自己获得更多的经验与感悟才能更好地指导自己今后的行动。

CHAPTER 04

第四章

接纳人格，与复杂的自我和谐相处

客观评价自我，正视人格中的阴暗面

自我评价是自我意识的一种形式，是个体对自身的一种评价，包括对自己的思想、动机、行为和个性等的评价。自我评价对个体的成长起着很重要的作用，这是因为自我评价是自我教育的重要条件，一个人如果能够正确如实地评价自己，就会提高参与学习和社会活动的积极性。正确的自我评价也是自我完善的重要途径之一，个体可以在自我评价的基础上扬长避短，更好地在工作中发挥自己的能力以及维护自己的社交关系。

完整的自我评价既包括正面评价，也包括负面评价，我们不能只看重自己的正面评价而刻意忽略负面评价，因为即使是负面评价，只要是正确的，它对个体的自我发展、自我完善、自我实现就有着重要的现实意义。

每个人都有恶的一面，我们必须正视人性中的这一矛盾，才能变得真实，如果我们不承认自己有恶的一面，极力否认、掩盖，就失去了真实。所谓人性黑暗的一面就是负面的自我评价，这一面虽然会让个体产生不好的体验，但是也代表了个体的一部分。出于人性的自恋，人们都认为自己应该是真善美的，而不愿意承认自己可能也会有自私、懒惰等缺点。但负面的自我评价是自我诊断的依据，个体只有正确认识自己的缺点才能及时调节和改进自己的行为偏差，从各方面提高自己，这也是自我评价导向功能的体现。

小麦在朋友中是个明星般的人物，她热情大方，喜欢张罗聚会，总是帮朋友解决各种问题。小麦读书时曾经练过几年体育，工作后一直热衷于健身，很多想健身的朋友就经常向小麦请教，小麦也总是耐心地和朋友们讲解各种注意事项。有的朋友发现，小麦在给别人建议时稍微有些霸道，不容别人置疑。朋友提出这个问题后，小麦也发现了她以往在安排聚会时为了提高效率总是说一不二的，朋友提的好多意见都被她否决了。

发现了自己的问题后，小麦有些坐立不安，她不想给朋友留下不好的印象，于是开始不自觉地改变自己。后来再有朋友请教她健身的问题时，即使朋友提出的是错误的做法，她也不敢强行纠正了，结果朋友健身时拉伤了韧带还是怪到了她的头上。

小麦有些委屈，她纠正了说她霸道，不纠正又说她没有提醒，真是怎么做都得罪人。小麦从没向朋友埋怨什么，就是怕朋友觉得她小心眼儿。后来，和小麦关系最好的一个朋友发现了小麦在与朋友交流时，总是不自觉地顺着朋友的思路纠正自己的说法，安排聚会也没有那么利落强势了，她就对小麦说："我知道你是听到有人说你霸道，你才想着改变自己。但是没有必要那么极端，一个人不可能没有负面评价，你怎么做都会有人有意见的。"

小麦听了朋友的话后开始反思自己，她知道自己最不喜欢听到别人说自己不好的话，她希望在所有人面前都能表现出完美无缺的一面。她的生活、她的工作一点都不能出错，这让她一直挣扎于轻度抑郁和完美主义之中。她不断地反思自己，是不是不够努力，不够聪明，或者不够细心。她想改变自己的一切缺点就是因为不想听到别人批评自己。因为别人的一个小小的批评都会困扰她很长时间，她会一直记得自己的失败，而很少意识到自己的成功。就这样，小麦一直无法正视关于自己的负面评价，她知道这是不对的，但她不知道如何改变自己。

自我评价往往能折射出个体的人生观和价值观，影响着个体对他人的评价以及对待他人的态度，从而影响着个体与他人的交往方式。

小麦就是太看重负面评价的危害，而不愿面对自己的缺点。其实，负面评价对每个人而言并不是完全有害的，相反，这些负面评价有时候可以释放我们的潜质，让我们进一步认识到自己的本质。当你对自己了解得越深，甚至发掘出自己与缺陷共存的能力时，那么你就能够正视自己的缺点，不再害怕别人嘲笑自己。当你能够完全了解和接纳自己时，你就有了改变和提高自己的能力，你将变得更有智慧，也有机会成为更好的自己。

自我反思：提升自我的关键

自我反思就是反省自己平时的思想和行为，在对此做出正确的评价后，再根据反思改正自己缺点的过程。个体的成长过程就是不断自我反思的过程，能够对自己的思想和行为实践不断自我反思是个体成长的前提。个体只有自觉地进行反思，养成良好的反思习惯才能培养自己高度的责任感、持之以恒的精神和良好的行为习惯。

自我反思能力强的人能够了解自我，意识到自己内在的情绪、意向和动机。自我反思也有利于个体了解自己的优势和劣势，培养自律、自知的能力，谨慎地规划自己的人生。自我反思不是某一人生阶段的特殊任务，而是在人的一生中都需要不断进行的。自我反思不单单是经验教训的总结，还是分析和解决问题的前提。事前反思可以帮助个体明确目标，加强实践；事中反思可以调节做事流程，提高成功率；事后反思可以让实践行为经验理论化，促进个体成长的可持续发展。

小英是一家公司的行政人员，每天的工作就是整理档案、沟通各部门的需求、将公司的各种通知下发到各部门等。这些工作本来就是行政职责内的，但是小英觉得自己干这个活简直是大材小用，每天的工作都没有意义。尤其让小英不满的是，她还要负责办公室的打扫工作，早上上班就要给公司的各种植物浇水，这让小英觉得自己在公司就是个打杂的。

有一天，小英下定决心辞职了。接到辞职申请后，主管把小英叫到办公室好好和她聊了聊。主管问小英为什么辞职，小英说这份工作不适合自己，她不想一辈子当个打杂的。

主管听了小英的话，笑着问她："你觉得自己的优势是什么？"

小英思考了半天，发现自己一下子回答不上来。主管把小英的工作考核表给她看了看，上面肯定了小英对工作的认真态度，但更多的是小英复印错的文件、下错的通知，还有没完成好的各项工作。小英看着那张表有些心虚，她从来没发现自己在工作上出过那么多错。小英每次做错了什么事总是安慰自己刚进入职场，出错是正常的。这次小英也是一样，虽然看到了自己的问题，但是她觉得自己还年轻，有大把的学习时间，没什么好在意的。所以，小英自信地递上了辞呈，加入了找工作的大军中。

小英找工作的过程还算顺利，并且幸运地进入了一家自己一直很喜欢的公司。但是没多久，小英又觉得事事不如意，对自己的新工作又有了满满的抱怨。但是这一次，她很珍惜自己的工作，所以没有立刻辞职，而是学会了自我反思。上司批评她时，她也开始反省自己做得不对的地方；同事教她时，她也不再表现出不耐烦的样子，开始耐心地向同事学习。就这样，小英学会了反思后，在新公司里积累了很多经验，工作也越做越顺手。

每个人都不是完美的，都有自己的缺点。一个人在工作中说错话、做错事并不可怕，可怕的是对自己做错的事不知道反思和反省。就像小英一样，她从不反省自己的过错，也不知道自己的缺点和过失，自然就无从改进了。

那么，我们该如何进行自我反思呢？

1. 在自我评价的感觉中反思。

自我评价是提高个体反思能力的最佳途径，在自我评价中对自己的思想和行为进行系统的反思，才能充分认识自己的优势和不足。自我评价的目的不在于评价自己的优势和劣势，而是可以借此发现改进自己的方法，从而督促自身能力的提高。

2. 在他人评价的体会中反思。

俗话说“旁观者清，当局者迷”，在充分发挥自我评价作用的同时，个体还应充分重视和体会他人的评价。能够评价自己的人大多都是直接或间接参与了个体的生活或工作的人，这些人能够从不同的侧面反映个体的各种表现。他们能发现个体在自我评价中难以认识到的问题，对个体的行为改进有着积极的影响。

自我接纳：管理内心的乱流

美国心理学家埃利斯创建了情绪 ABC 理论，理论中的 A 表示诱发性事件，B 表示个体对事件的认知和评价，也就是因诱发性事件产生的信念，C 则表示个体因诱发性事件产生的情绪和行为结果。

埃利斯认为，虽然诱发性事件 A 可以导致不同的事件结果 C，但 A 并不是导致 C 的直接原因，导致事件结果 C 的直接原因是个体产生的信念 B。人的信念有好坏之分，所导致的结果自然也不相同，个体的消极情绪必然会导致不好的行为结果。

情绪ABC理论说明了人们的一些不合理信念是导致自己产生情绪困扰的根本原因，这些不合理信念也是内心的乱流。如果个体长期抱有一些不合理的信念，还有可能引起情绪障碍。如果一个人不能管理内心的乱流，不能真实地面对自己完美和不完美的一切，那么个体就无法做到自我接纳。

自我接纳是个体心理健康的一项重要标准，是指个体面对自我时的一种积极的态度，包含两个层面的含义：一是能接纳自己的正面价值，包括自身的优点、特长和成绩等；二是能正视和接受自己的缺点、失误，并且不会因此而自卑。

当一个人的自我接纳程度不够时，他需要花费更多的精力去处理自己内心的纠结，这不仅会降低个体的幸福感，还会阻碍个体获得财富，无法维持良好的情感关系。只有自我接纳程度较强的人才可以做出客观的自我评价，维持良好的人际关系，获得幸福感和成就感。

小景是个性格内向的女孩，从小到大都不擅长交际，她最喜欢的事就是宅在家里看剧或者读书。虽然内向没有什么不好的，但是小景很不喜欢自己的性格。她一直很崇拜那些自信的人，对那些能够不容置疑地坚持自己的观点和做法的人特别感兴趣。因为自己做不到这样，她十分嫌弃自己不够自信，所以很羡慕那些人潇洒的生活态度。

为了让自己变得活泼大方，小景读过很多建立自信的书，但是这些书对她来说都没什么帮助。小景还尝试着向身边的朋友学习，模仿他们自信的谈吐和举止，自己对着镜头偷偷练习怎么用坚定的态度表达自己的观点。最终这些尝试都毫无意义，因为小景并没有意识到，她并不能通过学习就拥有别人的优点，她只有发掘自己的优点，接纳自己，才能变得自信起来。

最后，小景明白过来，人的自信不仅是态度和语气那么简单，最根本的原因在于，他们能够完全接纳自己，不会像她一样因为自己的一些缺点而感到自卑。所以，学习自信并不能让她变得自信，只有完全接纳自我，她才能够信任自己，从而变得自信起来。

小景的问题并不完全是自卑的原因，而是她不能接纳自己，认为自己内向的性格是不好的。关于自卑，个体心理学大师阿尔弗雷德·阿德勒认为，所有人都有自卑的一面，但自卑的人不一定非要变得自信才能改变自己。自卑的人如果能够做到自我接纳，接纳自己的自卑，接纳自己的缺点和不足，不纠结自身的问题，把精力放在解决问题上，才能改变自己，接纳自己的一切。

关系中的自我：从个体视角到关系视角

美国精神分析学者沙利文认为，周而复始的人际关系会形成一种持久的模式，这种模式塑造了人类的自我信念，个体的人格也在与重要他人的这种交互经验中产生。简言之，个体常常是通过他人而觉知自我，自我也是个体在他人的期待和反应中塑造出来的。

综合心理学发展的前半个世纪，自我觉知的研究关注的仅仅是个性化的自我概念，自我觉知也被认为是个体得以与他人区分开的自我认同感。到了 20 世纪 70 年代，人们不再把自我作为孤立的心理现象进行研究，开始注重在动态的人际和时间背景中解析自我与他人之间的关系。

人作为社会性动物，时时刻刻都处在各种关系之中，每个人都有自己的社会关系，包括家庭关系、工作关系，朋友关系等。在不同的关系中，个体的自我也是不同的。比如在熟悉的朋友面前，个体会呈现一个外向的自己，而在陌生人面前，个体也许会变得内省起来。由此可见，决定一个人行为的有时候是他所处的关系，而不完全是他的个性。

李然生完宝宝后偶尔会处于产后抑郁的情绪中，当老公出去上班，只剩她一个人在家带孩子的时候，她总是闷闷不乐，觉得被全世界抛弃了一样。李然的老公以为她是因为无聊才心情不好，于是让妈妈过来帮李然带孩子。有了婆婆的帮忙，李然虽然没有那么忙了，但还是无法摆脱焦虑的感觉，她自己也不知道焦虑从何而来。

直到有一天，李然公司的同事过来看她，告诉她说主管很看重她的工作能力，等她休完产假，公司还是欢迎她回去的。李然听到同事的话，心里的大石头放了下来。她发现自己最在意的原来是怕和社会脱节，她从休产假开始就离开了自己热爱的岗位，虽然她告诉自己，为了孩子做出牺牲是值得的，但是远离了以往的人际关系，还是让她感到无比焦虑。

同事走后，李然和老公沟通了下工作的事，老公非常支持她重返工作岗位，并且告诉她只要她想上班，随时可以去，他会好好赚钱请个保姆，让李然不用担心。李然很感激老公对自己的支持，为了不让老公太辛苦，她表示愿意在家多带孩子一段时间。

老公知道了李然的焦虑源头，就半开玩笑地安慰她说："全职妈妈虽然不是一份理想的工作，但是全家人都是肯定你的贡献的，你是家里的大功臣，无论你做什么决定，我们都支持你。"

有了家人的支持，李然也有了底气，她知道在老公眼里，自己并不是一个没有选择的人，她随时可以回去工作，并没有和社会脱节。得到了最亲近的人的肯定后，李然的焦虑慢慢缓解了。

从李然的经历中我们可以看到，别人对自己的认同能够让一个人产生很强的自信心，也会给个人带来强烈的愉悦感。所以，在现实中，越是经常得到别人认同的人，越能维持一个良好的人际关系。

如果从个体的角度来看待，李然具有一个比较稳定的人格。稳定也意味着很难改变，因为有时候妨碍自己做出改变的，正是那个顽固的“自我”的概念。

可是，如果从关系的视角来看，李然在不同关系中的自我是不一样的，比如她在职场上是一个靠自己打拼的职场女性，而在家庭中她不再是单打独斗，而是可以依靠丈夫的妻子。所以，在老公的支持下，李然才有了底气，摆脱了自己的焦虑。

每个人都可以在不同的关系中，发现不一样的自己。所以，当你觉得一段关系让你不舒服时，你就要去审视究竟是什么样的关系导致了你的不适。如果这段关系让你产生了不好的行为，如自卑、自虐等，那么你也可以去寻求另一种能够让自己更加舒适，可以有更好表现的关系。

总之，人总是处于复杂的动态人际关系并受之影响的关系中，自我塑造的心理过程和结果影响人们的行为，为人格提供了相对稳定的背景和特异性的变异，也影响了个体的主观幸福感。

积极悬谈：从他人的眼中审视自我人格

美国心理学家查尔斯·霍顿·库利在他所著的《人类本性与社会秩序》一书中提出了著名的“镜中我”概念，他认为人的自我认知主要是通过与他人的社会互动形成的。他人对个体的评价、态度等相当于个体照见自我的一面“镜子”，个体通过这面“镜子”得到的自我认知在很大程度上影响着自己的行为选择。

基于“镜中我”的理论，我们可以认为每个人在社会中都不是孤立存在的，而是处于各种各样的社会脉络与社会关系之中。一个人不论有什么样的身份与地位，都不能割裂地进行自我评价，而是必须把自己放在与他人的关系中来加以看待，他人对自己的态度和评价也有助于个体认识和把握自己。

社会关系牵扯到处于同一关系中的所有群体，可以说，自我与他人是相互依赖、共同生活的一种关系。我们与他人共处于同一个社会关系下，我们的一切行为都必然会牵扯到他人。由此看来，个体必须通过各种社会关系中的他人才能全面认识自我，形成各种自我意识。

楚妍有个雷厉风行的性格，工作没两年就坐上了经理的职位。工作上，楚妍是个很较真的人，她希望下属们都能认真对待自己的工作，绝不允许他们在上班的时候有偷懒的行为。新来的员工都有些怕楚妍，有个女孩和同事抱怨说："楚经理一看我，我就以为我哪里做错了。"楚妍听到这个评价有些哭笑不得，虽然她觉得自己并没有这么凶神恶煞，但是她还是做出了一些改变，对员工的态度温和了一些。老员工都知道楚妍的脾气，所以会告诉新人，只要工作做得好，楚经理绝对不会为难他们。

最近，朋友给楚妍介绍了一个相亲对象，楚妍和那人见了一面后觉得可以试着相处看看，于是约下次再见，但是对方婉拒了她的邀请。楚妍不知道自己哪里做得不好，抱着好奇的心态向朋友询问了一下。朋友抱歉地跟她解释说，对方看了看她的朋友圈，看到她总是发一些小资的下午茶，还有一些名牌包包，觉得她太文艺，不适合自己。朋友还开玩笑说："我看人家是想说你拜金，只是没好意思那么直白。"

楚妍没想到对方只看了她的朋友圈就断定她拜金，这种人也太武断了，确实不适合交往。那些名牌包包都是自己辛苦赚钱买的，楚妍只是喜欢才发到朋友圈，虽然对方误会她是一个拜金女，但她也不会因此改变自己。她还是高高兴兴地赚钱买包，还是喜欢发朋友圈，她并不会全盘接受别人的评价，除非那个评价是对的。

楚妍在不同的关系中，对不同的评价选择了不同的处理方式，是因为她能够正确地从别人的评价中判断自己是否应该做出改变，这也是“镜中我”在现实生活中的指导意义。

每个人都需要有一定的“镜中我”意识，从他人的眼中来判断自己的行为是否合理，从而约束自己的行为与想法，向别人展现出自己最好的一面。但我们不能因为该理论而过于在意别人的想法，而忽略自己内心的声音。一个过于重视“镜中我”的人，一个过分在意别人看法的人，必然会变得小心翼翼，不敢表达真实的自我。而如果完全不重视别人的看法则容易变得我行我素，无法通过他人的指正改正自己的缺点。因为“旁观者清”是有道理的，他人的评价，可以帮助我们从他人眼中认识自己。当我们和他人进行积极恳谈时，就可以从他人的角度发现自己的优缺点。

不过，选择恳谈对象的时候，我们也要注意对方是否合适，如果别人并不是很了解自己，那么对方对你的评价肯定也是失之偏颇的，你从恳谈中得到的结论也很可能会误导自己。此外，在接受他人评价或与他人恳谈之后，我们还要客观、全面地看待他人的评价，不能因为受到批评，或者觉得自己不如别人就变得悲观沮丧。因此，我们只有在别人的评价和自我评价中找到一个平衡点，才能帮助自我获得成长。

创伤后的成长：为自己重建“意义感”

创伤性事件指的是与实际的、威胁性的死亡或严重伤害相关的事件，而创伤是经历了突发性的创伤性事件产生的无力感和失控感。

据统计，超过 50% 的人在一生中至少会经历一次创伤性事件，如遭遇背叛、失去亲人等突发性事件，还有一些是持续性的创伤体验，如不快乐的童年、被欺凌的经历、被忽视的痛苦等。严重的创伤体验甚至会让个体患上创伤后应激障碍（PTSD），不过这个比例不高。

毫无疑问，创伤性体验会给个体带来各种不良的影响，但是近年来心理学家研究了各类创伤性事件后发现，经历过创伤性事件的人群中出现了一些"幸存者"。这些"幸存者"指的是那些从创伤性事件中获得了积极成长的人。这些人虽然经历了负面的人生体验，但同时也获得了一种力量，帮助他们成功扛过了那些负面事件。

1995 年，心理学家提出了"创伤后成长"的概念。如果一个人在创伤后，经历了积极的心理变化，发展出了比以往更高的适应水平、心理功能和生命意识，那么可以说这个人就实现了创伤后的成长。一个人经历了创伤还能够得到成长，说明他重拾了自己的信念，为自己重建了"意义感"。

研究表明，意义感较强的人更有可能获得创伤后成长。在这类人看来，世界是有意义的，不论是正面的还是负面的经历对他们来说都是有价值的，他们愿意去追求这种价值感，所以能够更好地获得创伤性成长。这种价值感通常包含两个维度。

1. 较高的自我评价。

有意义感的人对自己的认可度通常很高，自我评价也较高。即使是做一些在别人眼中没有意义的事，他们也认为是值得的，比如坚持做慈善事业。

2. 对社会的贡献。

有意义感的人更愿意帮助他人，对社会作出贡献。因为他们比较看重自身和社会的关联，更希望得到社会的认可。

小元有一个关系很好的高中同学小敏，两人读了同一所大学，毕业工作后，小敏回到老家工作，两人才减少了联系的频率。最近，小元听说小敏经历了一件很不幸的事，她的未婚夫在婚礼前夕出车祸去世了。小元几乎没有多想就请了年假回老家去看望小敏。

小元见到小敏时，她正在幼儿园里帮一个幼师朋友布置教室。小元以为小敏一定会憔悴不堪，整日以泪洗面，没想到小敏却满脸微笑地忙碌着。

小敏知道小元专门来看自己特别高兴，带着她一起去附近的咖啡馆谈心。小元小心地观察着小敏的神情，担心她是故作坚强，便告诉她不用强颜欢笑。小敏低头沉默了好一会儿，才开口对小元说了自己之前的经历。小敏上高中之前是和姥姥一起生活的，上初中的时候还被全班同学孤立过。因为爸妈不在身边，她的成绩又不是很好，老师也不是很喜欢她，所以班里的同学都不和她玩。小敏说，那段时间她过得非常痛苦，不仅想辍学，甚至还想过离家出走。但是小敏撑了下来，被爸妈接回城里后，小敏发誓一定要努力学习，这才考上了大学。

小敏对小元说："我以前可以撑过那段痛苦的经历，现在我也可以。"

小元知道小敏没有被创伤打倒，她是一个很坚强的女孩。小元没有再去刻意安慰小敏，只是给了她一个大大的拥抱。小敏说自己辞了工作，打算和朋友一起办一个幼儿园。小元知道她没有沉溺于痛苦中便放下心来，她相信像小敏这样可以从痛苦中获得成长的人，一定不会被创伤打倒。

那些经历过创伤性事件的人需要更多的价值感才能在逆境中维持信念，而应对和处理创伤的经历可以让幸存者更加信任自己，其自我效能感也会得到提升。能够重建价值感的人在度过创伤后会发现自己比想象中要更加强大，他们对自己应对困境能力的自我评估也会提高，同时也会提高他们解决问题的能力和自信。

对普通人来说，价值感是从自己所遵守的价值体系中获得的。但是对于经历过创伤的人来说，普适性的社会价值体系已经无法帮助他们建立意义价值感了。因为在创伤中，他们的一些信念坍塌了，就像在地震中倒塌的房子一样。他们只能为自己重建价值感，建立起一所新房子。而重建的过程就变成了他们新的事业，这就是创伤后成长。在这个过程中，经历过创伤的人将会重新认识自己，重新看待生活中的选择，创造能支撑自己人生价值的意义感。

所以，从长期来看，应对创伤的经历增强了幸存者的精神信仰，使他们人生的意义感增强。经历过创伤后，他们会建立起新的人生哲学，能够更坦然地面对自己所遭遇的一切。

摆脱焦虑，专注于自己能够控制的因素

从心理学上来说，焦虑是人对现实或未来事物的价值特性出现严重恶化趋势所产生的情感反映。焦虑所带来的紧张、不安、忧虑等不愉快的情绪本身是一种正常的情感反映，但是过度的焦虑就会引发焦虑症。患上焦虑症的人即使没有明确的客观对象也会产生紧张担心、坐立不安和植物神经功能失调的症状。

每个人可能都有过各种各样的焦虑体验，当你十分渴望成功时，当你对某人或某物有着强烈的占有欲时，当你的能力够不上你的梦想时，焦虑就会接踵而来。社交焦虑、恋爱焦虑、工作焦虑等都是我们经常遇到的焦虑类型。过度的焦虑情绪会让人长期处于警戒状态，身心都感到疲惫。

焦虑虽然是人们经常能体验到的感受之一，但面对焦虑时，我们并不一定要坐以待毙，任由自己被焦虑所控制。只要我们理性面对自己的恐惧，摆脱潜在的非理性的思维和信念的控制，我们就能成功地摆脱焦虑的控制。

小宇是一个没什么安全感的人，无论在工作上还是感情上，他总是抱着小心翼翼的态度，习惯看别人的脸色行事。他与人交往时总是极度敏感，动不动就觉得别人的反应是在针对自己。他特别在乎别人的看法，害怕别人讨厌自己，更害怕别人不认同自己。

小宇在感情上更是如此，他大学时交了一个女朋友，因为怕对方抛弃自己，他对那个女孩几乎百依百顺，不论女友提出什么过分的要求，小宇都会答应。可女生最后还是嫌弃小宇没有自我而和他分手了。

最近，小宇经同事介绍和另一个女孩谈起了恋爱，这次他没有像以前一样对别人百依百顺，反而变得疑神疑鬼。他不愿再忽略自己的感受，开始不断地寻求认同感。小宇总是害怕对方不是那么喜欢自己，所以交往时就想要确认对方的喜爱。即使女友已经明确表示了自己的喜欢，但小宇仍然担心对方是在欺骗他，之后很有可能会背叛他。两人不在一起时，小宇会不停地给女友发微信，确认她在哪里，在做什么。有时候，小宇还会偷偷地检查女友的手机，看女友是不是背着他联系别人。

在这段恋爱中，小宇变得越来越紧张，女友则因为小宇的过度焦虑而身心疲惫。终于有一天，女友受不了小宇的疑神疑鬼，提出了分手。小宇不仅没有反思自己，反而不断质问女友是不是早就变了心，是不是从来没有喜欢过他。这种极端的做法已经突破了女友的底线，女友没有和他多说什么，转身就走了。

小宇分手后，一直埋怨女友不够爱他。他并没有意识到自己的问题，在这段亲密关系中他总是试图控制对方，从而产生了强烈的占有欲和过度的焦虑感。正是因为他过于想控制不可控的因素，才让自己变得焦虑，因为没有安全感，从而希望与对方产生强烈的连接而获得安全感。这让他陷入了恶性循环，最终导致了感情上的失败。

焦虑、不安和恐惧都是人类正常的情绪，但是如果像小宇一样持续时间过长且无法控制，以至于达到了焦虑过度的程度，就会消耗自己的能量，打乱自己正常的生活节奏。

下面为大家提供两个可以让大脑保持冷静的方法，从而更好地面对生活。

1. 控制自己的情绪。

释怀已经发生的事，控制自己不要成为情绪的奴隶。如果我们一遍又一遍地在脑海中回放已经发生的事，或者去预想将要发生的事，我们就会陷入焦虑的情绪中。这时候，我们可以花时间去做其他的事情，分散下自己的精力，然后再集中时间去思考需要解决的问题。

2. 接受无法改变的事。

人更容易关注那些自己无法解决或无法控制的事情，但无用的关注并不能解决问题。我们需要做的是，仔细分析自己能控制的事，当把精力放在自己可以解决的问题上，这样才会让自己变得更有效率。此外，提前制订一个 B 计划也是缓解焦虑的小诀窍。

超越自卑，克服消极的“无价值感”

瑞士心理学家荣格说过：“无论哪里，只要存在着自卑感，就一定有其存在的充分理由。”

奥地利心理学家阿德勒则解释了人会产生自卑的理由，他认为人在幼儿时期因为弱小必须依附父母和周围的世界，幼儿的这种无力、无能和无知是引发人们自卑感的根源。他还认为，自卑会引起攻击，这是一种过度补偿的表现。

心理学家认为，自卑是个体与他人相比较时，因低估自己而产生的消极情绪体验。自卑属于性格上的一种缺陷，一个人如果长期处于自卑的情绪体验中，就会产生消极的“无价值感”。如果一个人体会不到自己的价值，就无法进行正常的社交，身心也会受到极大的不良影响。

因此，如何走出自卑的心理，消除消极的“无价值观”，是每一个被困在自卑情绪中的人都要重视和了解的事。

小曼是一个极度自卑内向的人，她上学时话就很少，在学校里几乎没什么朋友。有一次，参加同学聚会，同班同学都没想起她是谁，这让小曼更加自卑了，之后她再也没参加过同学聚会。

小曼的自卑还要从她的童年说起。小曼的母亲是一名严厉的中学教师，经常拿小曼和同事家的孩子作对比。如果同事家的孩子成绩比小曼好，母亲就会觉得很没面子，不停地讽刺小曼没出息，以后考不上大学，也找不到工作。有一次，家中有客人在，小曼因为一道题迟迟做不出来，母亲也不顾客人在场，狠狠地把小曼骂了一顿。这件事让小曼记忆深刻，她一直觉得自己没用，不能给母亲争面子。

小曼一直生活在被比较的阴影之下，本能地觉得自己各方面都很差劲，做什么都做不好。工作后，小曼也没能走出这种阴影，她一直觉得自己处理事情不够果断，沟通能力又差，升职加薪之类的事与她无缘，所以她也从来没有主动提过。其实，她不知道在主管眼中，她才是同事中最勤奋、最踏实的那个。

小曼因为自卑，所以总是怕说错话，怕别人看她笑话，因此成了部门里的“便利贴女孩”，谁都能使唤她两句。面对同事的无理要求，小曼也不会拒绝，常常加班到很晚才回家。朋友替她打抱不平，小曼就说自己好不容易才找到这份工作，如果失业了，母亲会对她更失望。就因为母亲一直以来的否定和打压，才导致小曼现在的自卑和顺从。长大后，小曼也没有摆脱自卑的困扰，她甚至因为太过自卑而长期失眠，甚至有过自杀的念头。小曼深知自卑的痛苦，却不知道该怎么解决自己的问题。

其实，每个人都会有不同程度的自卑，只是有的人成功战胜了它，有的人终其一生都被困在“自卑”的牢笼里，而能否克服自卑感也成了拉开人与人之间差距的法宝。自卑是一种心结，并不是无法解决的。那么我们该如何克服自卑呢？只有真正深入了解自卑产生的根源，才能对症下药找到有效的克服方法。下面是克服自卑的几点建议，希望能帮助大家找到解决自卑的有效方法。

1. 给自己树立一个学习的榜样。

人之所以会产生自卑是因为与他人相比觉得自己做得不够好，想要改变自卑的想法，我们就需要不断提高自己。我们可以为自己找一个学习的榜样，如果你觉得一个人在各方面做得都比较好，那么你可以把他作为榜样，不断进行自我暗示，专注于你和榜样之间的差距，在慢慢提高自己的过程中治愈自己。

2. 重新看待自己的童年经历。

人在童年时期是没有办法主导自己的生活的，但是当我们成年后，具备独立的人格时，就要学会主导自己的生活。如果我们想治愈不幸的童年就不能沉溺于童年的不幸中，而是要理性地看待过去，从过去消极的情绪体验中解脱出来。父母的教育方法也许是不对的，但是只要能理解父母对自己的爱护，我们就可以尝试着理解父母的本意，做一个真正走出自卑的人，做到与原生家庭和解。

3. 寻找自己的价值感。

也许我们永远无法实现人生的最高理想，但我们仍要一步步完成自己的阶段性目标，并在此过程中找到自我存在的价值。找到了自己的价值就可以发现自己的优点，从内心认可自己，接纳自己的不完美。

4. 寻求外界的帮助。

在面对自卑时，如果自我调节与暗示无效，我们就应该寻求外界的帮助，比如咨询专业的心理治疗师。来自外界的认可与引导，可以让你尽快重塑自己，这也是走出自卑的有效方法之一。

自我安抚，努力寻找“悲剧”的意义

挫折心理学中有个“甜柠檬效应”，指的是人们在达不到预期目标时，就会提高自己已经实现的目标价值，借此冲淡自己内心的不安，达到心理平衡的效果。这种自我安慰的方法就是自我安抚的一种。

在挫折中寻找丧失和创伤的意义对治疗创伤至关重要，如果能够从失去亲人、遭受暴力，或者虐待等悲剧中重新找到生活的意义感，就找到了恢复创伤的关键因素。就像具有“甜柠檬心理”的人，他们会认为自己所拥有的东西都是好的，如果自己只有一片柠檬，那么柠檬也应该是甜的。这样的自我安抚可以减少内心的痛苦，让人重新专注于生活中更有意义的事。

心理学家发现寻找创伤意义的过程包括两个不同的阶段，分别是发现意义和发现效益。

发现意义是将事件纳入现有的信息和世界观体系中，以便我们更容易理解整件事。通常在事件发生后的六个月内我们会发现事件的意义，一旦完成了这个阶段，我们就有可能在情感和心理方面获得很好的恢复。

发现效益是从亲身体验中找到希望。我们发现了事件的意义就有可能对生活有更深的理解，然后重新调整我们的优先事项，并确定新的目标。我们的实力和应变能力也将得到提高，并因此找到一条新的出路。发现效益一般出现在精神恢复的后期阶段，当我们成功扛过了严重的痛苦阶段后，就能从丧失或创伤中发现益处，从而在情感和心理方面表现得更加健康。

小莉是个心思细腻的人，她把自己脆弱的一面都展现给了最亲近的人，也就是她的男朋友。小莉男朋友的个性和小莉相反，是个不解风情的钢铁直男。很多时候，男友完全不了解小莉的困扰，小莉倾诉的大多是工作上的事，男友觉得只要是工作上的事都是有解决办法的，有什么可困扰的呢？可是对小莉来说，目前工作就是她的生活重心，她一天要待够八个小时的地方，她希望自己能过得开开心心的。

最近，小莉的公司来了一位副总，因为和小莉的部门主管不和，就扣掉了部门当月的奖金。小莉也受了连累，辛苦一个月的奖金说没就没了。小莉回家抱怨了几句工作上的事，男友却只顾着打游戏，对她的话完全没有反应。小莉倒也没说什么，她知道自己只是发泄情绪而已，并不需要男友提出什么意见。谁知男友打完一局游戏，忽然对小莉提出了分手。男友说自己早就听够了小莉的抱怨，不想再继续下去。当晚，小莉的男友就收拾行李搬了出去。

男友走后，小莉觉得很难过，她哭了好久，并且反省了一下自己是不是抱怨得太多了。可事实是，她只是偶尔抱怨一句，并没有像怨妇一样，每天抱怨个不停。

分手半年后，小莉在附近的商场里偶然碰到了前男友。前男友已经找到了新的女朋友，两人看起来很恩爱的样子。小莉以为自己会难过，但是她没有，她只是在商场的休息区坐了一会儿。她细细体会了一下自己的感受，发现自己满脑子都是新项目的方案怎么做，副总的需求怎么满足。她已经从失恋的痛苦中走了出来，因为她发现男友确实不适合自己，即使坚持下去早晚也有分手的一天。早点分手，反而能让她更早地认清这段感情，她也会找到一个更适合自己的人。

小莉能够从失恋中走出来就是因为她能从分手的“悲剧”中找到意义，她认清了不适合自己的感情，所以并没有为此遗憾下去。生活中，每件事的发生都有许多理由可以解释，选择一些合乎自己需求的理由，去支撑自己的决定就有可能避免心理上的痛苦，这在心理学上叫作合理化，也是自我安抚的一种方法。自我安抚运用得当可以使恶性刺激变为良性刺激，消减创伤带来的痛苦。如果你正经历创伤性事件，可以试试以下自我安抚的办法。

1. 看到自己的不舒服，接受自己的不舒服。

想要做到自我安抚就要知道自己的不舒服来自何处，看到自己的不舒服，接受自己的不舒服，才能从根本上化解自己的悲观情绪。我们要尝试着接受自己的不舒服和外界无关的事实，试着去换一种方式看待过去的事，当你因为过去的事情而感伤时，告诉自己这只是你的一个旧伤疤而已，现在的你已经不需要再为过去的旧伤买单了。

2. 与自己对话。

与自己对话是一种自处的智慧。在快节奏的现代社会里，与自己对话才能做到真正的自处。与自己对话，可以让自己用平和的心态面对自己，审视自己的言行，了解自己内心深处的真实想法，让自己在信息爆炸的社会之中保持自己人格的独立性，拥有自己的思维方式和行事作风。与自己对话也能调整自己的心态，以适宜的心态去面对所处的人和事。

与自己对话时，你可以告诉自己，那些让你感到不舒服的经历是让你了解自己的必由之路。虽然这些经验让你不舒服，但它们没有对错，你不要去抗拒或否认。这些经验的出现就是为了帮助你成长，让你认识到自己真实的一面。

3. 与不舒服的感觉和平共处。

自我安抚可以让你与不舒服的感觉和平共处，你可以通过自我安抚，把不舒服的感受慢慢消化，知道自己可以做到不去批判，不再感到压抑。当你学会了这种自我安抚的方法，这个方法就可以变为更强的力量来帮助你，这种力量就像阳光一样温暖你不舒服的情绪，包容你的脆弱。

打开“自我调控系统”，实现人格的和谐统一

自我调控系统也叫自我意识，是人格中的内控系统。自我调控系统对人格的内部结构起着调节的作用，可以对人格的各种成分进行调控，其最终目的是保持人格的完整和统一。自我调控系统一共有自我认知，自我体验，自我控制三个子系统。

1. 自我认知。

自我认知，简单来说就是通过自我观察和自我批评等手段对自己的一种洞察和理解。自我观察包括对自己的感知、思维和意向的全面观察，自我评价则是自我调节的重要条件，主要是指对自己的期望、行为及人格特征进行的判断与评估。

2. 自我体验。

自我体验是自我意识在情感上的表现，它伴随自我认识而产生。这种内心体验是主我对客我所持有的一种态度，是主我的需要和客我的现实是否协调的一种反映。如果客我满足了主我的要求，那么个体的自我体验就会是积极的、满足的。反之，如果客我没有满足主我的要求，那么个体就会产生消极的自我体验，从而进行自我责备。

3. 自我控制。

自我控制是自我意识调节的最后环节，主要体现在个体的行为选择上。自我控制的内容很多，主要包括自我监控、自我激励、自我教育等。

小安是一所985大学的毕业生，因为毕业院校不错，她很快就进入了一家大型互联网公司工作。工作后，小安的生活变得很忙碌，几乎没什么休闲时间，好在公司的薪资很高，这让小安忙碌得有了盼头。

小安的父母都是中学老师，在家乡的那座小城里教了一辈子书。父母觉得小安的工作虽然工资高，但是不够安稳，不如回家考个公务员，就不用担心过几年会被公司淘汰。小安知道父母是为自己着想，但是她不想回家过那种平淡的日子，于是一直不愿回老家。

有一次，小安的妈妈到她工作的城市看望她，正好赶上小安加班，没时间去车站接她，小安就让妈妈打车到自己住的地方。没想到，等到晚上10点多的时候，小安加完班回家却发现妈妈还没到，她立刻给妈妈打了个电话，急急忙忙地往车站赶去。到了车站，小安看到妈妈正坐在麦当劳里等她。她一问才知道，妈妈没搞清楚她的地址，又怕耽误她加班，于是就想着等她加完班再说。小安看着等了那么久的母亲，心里有些内疚，她觉得父母总是为自己着想，自己却从来没考虑过父母的想法。

过年回家后，小安买了些参考书，打算看看自己适不适合考公务员。有一起在外面打拼的同学听说她要回家考公务员，都劝她好好考虑一下，毕竟小城市的生活太枯燥了，万一自己适应不了，可没有后悔的机会。

小安听了同学的意见，认真考虑了好久。小安还利用放假这几天在网上报了一个吉他试学课程，她一直很喜欢吉他，可因为平时工作忙才没时间学。这次有机会学了几节课，她觉得对她来说是一个很不错的体验。

一直到年后去上班的时候，小安也没有做好是否要辞职的决定。但是她也已经仔细考虑过两种选择的利弊，她知道不管将来她选择哪条路，她都会坚定地走下去。因为她已经学会了自我调节，不会再为自己的选择患得患失。

人格的自我调控系统是人格发展的内部因素，如果自我调控系统不完善，个体就容易受到不良影响，形成不好的人格。要知道，人的行为并不总是被动地受环境因素所支配的，而是具有一定的主动性。个体会根据自身能力的预期不断地监控、调整自己的行为，进行自我调适。在这个过程中，人们就会形成不同的人格结构，而人格结构水平的差异是个体人格差异形成的根本原因。

恢复人格平衡，让感觉在你心中开花、结果

近年来，精神分析领域越来越关注创伤对个体人格的影响，研究发现一些失衡人格并不是心理发展或发育不健全造成的，而是遭受了创伤所导致的。在精神分析治疗中，心理学家发现很多患者的病症都是因为父母带来的创伤造成的。

创伤对个体人格的发展有着很重要的影响，如果创伤过于严重甚至会导致个体患上创伤性人格障碍。由于人类的心理具有保护性机制，人会选择性遗忘不好的事情，所以个体的创伤性记忆在一段时期内可能会被刻意压制。但个体的内心还一直活在那个创伤的体验里，这些体验也会一直发挥作用，影响着个体的行为和情绪，甚至限制了个体看世界的信念。

具有创伤性人格的人，如果没有被唤起以往的创伤记忆，那么看起来会和正常状态时没什么区别，他们可以正常地参与社会人际关系，能够正常地工作、生活，组成家庭，但是这类人的人格还是会带着小时候的创伤，容易被外界因素引爆人格中的不安因子。不过，如果他们在成长过程中能够尽早接受治疗，改变自己的固有认知，那么就可以平衡失调的人格，提高自己的幸福指数。

舒婕是一名钢琴老师，她看起来端庄大方，性格也温柔和气，很多学钢琴

的学生都羡慕舒婕的孩子有这么温柔的妈妈。舒婕的丈夫也在大学里教声乐，平时两人琴瑟和鸣，一家人其乐融融。随着孩子越长越大，舒婕的性情慢慢有些变了，到了孩子读高中的时候，舒婕变得越发严厉起来。

有一次孩子学习累了，想休息一天，不想练琴了。舒婕情绪忽然爆发，严厉地批评了孩子一顿，还对孩子说："你现在就知道偷懒，将来考不上好学校，以后也没出息。"

丈夫也搞不清楚舒婕为什么会大发雷霆，他觉得孩子每天都辛苦地练琴，只是休息一天没什么大不了的。舒婕却觉得他不理解自己，一个人伤心地哭了好一阵儿。就这样舒婕的脾气越来越差，经常因为孩子的学习问题严厉地批评他。没想到，孩子的学习成绩不见进步，反而退步了。孩子的成绩越不好，舒婕的压力越大，她的坏脾气搞得整个家庭氛围都剑拔弩张的。

丈夫受不了舒婕的阴晴不定，带她去看了心理医生。经过心理医生的开导，舒婕才意识到，她的高中时期是在母亲的压力下度过的，这在无形中影响了她。结婚之前，她发誓一定要做一个理解孩子的母亲，绝不给孩子施加无谓的压力。没想到，在孩子读了高中后，她竟然变得和母亲一样歇斯底里，根植在记忆中的创伤让她突然变成了另外一个人。

知道了症结所在，舒婕积极地进行了治疗。在心理医生的专业指导下，舒婕内心的恐惧得到了缓解。慢慢地，舒婕终于学会克制自己的脾气，不再像个火药桶一样给家人带来压力了。

舒婕在青少年时期遭受的创伤，在自己的孩子成长到她受虐的那个年纪时被引爆了。这说明，创伤一直隐藏在人们的记忆中，它不会自动消除，只有经过积极的治疗，这些创伤才能被彻底治愈。那么，我们应该如何应对创伤造成的人格失调呢？自我觉察、自我接纳和转化恐惧是恢复人格平衡的三个步骤。

1. 自我觉察。

当负面情绪升起时，我们要学会觉察自己的内心状态，找出自己害怕的原因。一般负面情绪指向的都是我们内心最深层次的恐惧，当恐惧被触发时，我们就会失控，产生愤怒、伤心、紧张的情绪，这些情绪会促使我们做出一些出格的举动。我们需要自我觉察的那份恐惧就是我们过去遭遇的伤痛，而这份伤痛是需要疗愈的。

2. 自我接纳。

当我们觉察到内在的恐惧时，不要一味地去抵触它，而是应该考虑如何接纳它。恐惧是无法完全靠外力消除的，我们只有接纳它，让自己消化这种恐惧，才能慢慢地消除恐惧给我们带来的负面影响。

3. 转化恐惧。

觉察恐惧，接纳恐惧后，我们就迎来了第三个阶段，那就是转化恐惧。放下因为这份恐惧所形成的旧模式，重新选择新的行为模式。新的模式可以帮助我们打破惯性，迎来新的生命模式。

CHAPTER 05

第五章

摆脱偏见，正确看待人格特征

拿掉“有色眼镜”，客观分析形形色色的人格特征

即使是同卵双生子，在后天的社会经历和生活环境不同的情况下也会形成有差异且具有个人特点的人格特性。

每个人对外界事物的感知、处理、应对和期望的不同形成了形形色色的人格，不同的人格会表现出不同的倾向性，这种倾向投射到个体身上就会形成一种较为固定的趋向和模式，主要表现为心理活动的选择、对事物的态度、不同的体验和行为方式等。

近年来，心理学家在人格描述模式上达成了比较一致的共识，他们通过词汇学的方法，发现了大约有五种特质可以涵盖人格描述的所有方面，这就是经典的大五人格模型。

1. 外倾性。

具有外倾性的个体善于交际，比较健谈，更易与他人相处，具有热情、果断、活跃、乐观等特质。

2. 宜人性。

具有宜人性的个体脾气温和、适合合作，比较容易获得他人的信任，具有利他、直率、谦虚、移情等特质。

3. 责任心。

具有责任心的个体以成就为导向，更值得他人信赖，具有公正、尽职、自律、

谨慎等特质。

4. 神经质性。

具有神经质性的个体不具有保持情绪稳定的能力，容易紧张、忧虑、沮丧，并缺乏安全感，具有敌对、压抑、冲动、脆弱等特质。

5. 开放性。

具有开放性的个体涉猎广泛，富有想象力，有较强的艺术敏感性，具有情感丰富、创新等特质。

现实中存在具有形形色色人格的人，既有具有宜人性这种让人如沐春风的人，也有具有神经质性这种情绪不稳定的人。无论这个人具有什么样的人格，我们都要科学地去看待，不能因为偏见就戴着有色眼镜去苛责或批判他。我们苛责他人时，说明我们还没有真正成长，一个人只有突破了自己的局限性才能走向成熟，而科学地看待自己和他人的人格状态及其变化就是我们成长的信号。

小远应聘到了一家广告公司工作，但是他所在的部门是公司里最不受欢迎的一个部门。小远的部门几乎什么都做，如广告的文案、视频的脚本都是他们部门负责的。虽然工作很多很杂，但是这个部门在公司里的地位却不高。

小远上了几天班就感到有些纠结，虽然他很想把工作做得更好，但是看到同事们都懒懒散散的，他又懒得去努力了。每天按部就班、得过且过的日子让小远感到非常焦虑和自责。小远本想申请调到其他部门去，同事们却劝他不要那么傻，因为全公司就数他们部门的人际关系最和谐。小远有些不明白，他觉得他们的经理看上去特别没有地位，还没有上进心，在这个部门有什么前途呢?

上班时，同事没和小远多说什么，等到下班后带他去吃饭时才对他解释了公司的情况。原来他们的部门经理看上去没什么上进心，却是公司里元老级别的人物，公司动不动就扣绩效工资，却从来没扣过他们部门的，就是因为他们部门从没出过错，没人敢扣他们的绩效工资。他们的经理曾经也是非常努力、非常优秀的人，但是工作时间长了却发现公司里有一种不好的风气，现在变成只要员工多做事情就有多犯错、多扣钱的风险。所以，他们的经理才变得看上去懒懒散散的，其实他是为了不让他们的部门成为出头鸟，这样既保质保量地完成了任务，也不会因为犯错而少发绩效工资，这对部门的员工来说是最好的。

小远了解了情况后才知道经理那看似让人讨厌的“惰性”背后，其实是一种对员工的保护。他也明白过来看人不能只看表象，戴着有色眼镜去评价他人，肯定会让自己产生偏见。

如何才能做到科学地看待一个人的人格呢？这就需要我们全方面地了解对方，如果不去了解对方的经历，尤其是这个经历对其人格产生了怎样的影响，我们就会被表象所迷惑，看不到别人真实的一面。拿掉有色眼镜是我们科学看待他人人格，掌控自我人生的第一步。科学看待不仅能给别人带来温暖，也能让我们实现突破，让自己迈入一个新的人生阶段。

回避型依恋人格特征：渴望关怀却又拒人千里

依恋是婴儿与母亲或主要抚养者之间最初的社会性联结，也是婴儿情感社会化的重要标志。美国心理学家、依恋理论之母安斯沃斯，通过陌生情境研究法将依恋关系分为回避型依恋、焦虑型依恋和安全型依恋三种。

回避型依恋，是指这类婴儿没有与母亲形成特别亲密的情感联结，母亲在不在场对他们来说都无所谓，他们可以自己玩自己的。这类婴儿长大后很有可能会发展成回避型依恋人格者。

有数据表明，回避型依恋人格者在人群中占 20% 的比例。这类人非常恐惧或抗拒与他人建立亲密的关系，即使内心极度渴望被爱也不会表现出来，就因为害怕成为别人依赖的对象。回避型依恋的人为了与他人保持安全距离，会用冷漠的言辞逼退对方，用消极的态度应对一切感情问题，他们甚至还会回避情侣间的亲昵行为。

对他们来讲，亲密关系是危险的，因为他们害怕建立亲密关系后，对方会随时抽身，离自己而去。他们还担心两人的关系过于亲密无间，使自己暴露无遗，从而失去这段感情。

所以，回避型依恋的人很难做到把自己的爱传递给对方，同时也无法从他人那里接受到爱。

小涵在大学里找了个男朋友，对方是她暗恋已久的学长。学长是公认的优质男友，不仅长得高大帅气，而且性格成熟稳重，虽然有很多女生喜欢他，却从没见他和别人搞过暧昧。小涵和学长建立恋爱关系后很是兴奋，每天都想和学长黏在一起。可是，学长大部分时间都泡在图书馆里，并不是很喜欢和小涵待在一块儿。

小涵不知道学长是怎么想的，只是觉得学长不喜欢自己，要不是自己坚持追求学长，可能他也不会和自己谈恋爱。朋友鼓励小涵去问清楚，要是学长真不喜欢她，不如趁早放手。

小涵鼓起勇气去问学长，学长却肯定地说自己是喜欢她的，不然也不会和她谈恋爱。小涵得到了肯定的答复后放下心来，可是等她约学长出来陪自己时，学长又变得不是很热情了。小涵与学长的感情陷入了一种恶性循环，每次小涵质问他爱不爱自己时，学长都承认自己是爱小涵的，只是学长从不关心她，也丝毫不会安慰她。学长虽然看上去心思都在小涵身上，却从不表达对她的关心。小涵在这段感情中完全感受不到爱，这段恋爱好像全靠她一个人在维系。

没多久，小涵向学长提出了分手。虽然学长看起来很难过，却没有挽回小涵。分手后，学长也没有找新的女朋友，仍然是一个人独来独往。这让小涵觉得自己仿佛是在无理取闹一样。小涵想过要和学长复合，朋友却拦住了她。朋友说，学长就是典型的回避型依恋人格的人，这类人需要伴侣很多情感上的投入，但拒绝捆绑和付出，他们只爱自己，永远不懂得如何爱别人。

回避型依恋者的主要表现是回避亲密，他们的内心往往有一道亲密度的分界线，一旦越过了这条线，就相当于越过了他们心里的警戒线，他们会立马警觉起来，并立刻拉开彼此的距离。与回避型依恋的人建立亲密关系是非常痛苦的，关系中的双方都会深陷负面情绪的泥潭中无法自拔。

那么，我们该如何与回避型依恋的人相处呢？

1. 调节自身负面情绪。

与回避型恋人相处时，首先要学会调节自身的负面情绪，避免因感情得不到回应而产生焦虑、恐惧等负面情绪，从而做出破坏关系的行为。当自己内心对所处的这段亲密关系感到疑问时，可以列出证明自己观点的论据。如果不能找出明显的证据证明对方已经不爱自己了，那么就没有必要在这段感情里患得患失。

2. 安全感优先于亲密关系。

回避型依恋的人恐惧亲密关系，在他们眼中关系始终是不安全的，他们也很难和伴侣建立起依赖和亲密的关系。所以和他们建立关系时，要优先满足他们对安全感的需求，而不是让他们惧怕对亲密的需求。

比如，他们对见面的频率感到不安时，就可以配合他们减少见面的次数，给他们一个相对自由的空间，让自己和对方都得到休息。在感受到安全感的时候，他们才会小心翼翼地靠近你，对你多一点依赖。

焦虑型依恋人格特征：用焦虑掩饰被抛弃的恐惧

焦虑型依恋又被称为反抗型依恋，这类型的婴儿对母亲或主要抚养人的态度很矛盾，既依恋又反抗，他们不喜欢别人离开自己，又不愿表现出对对方的依赖。所以，这种类型又时常被称为“矛盾型依恋”。

有一种改善伴侣关系及亲子关系的方法被称为情绪取向治疗（EFT），从EFT的角度来看，焦虑型依恋是在用焦虑掩饰被抛弃的恐惧。

焦虑型依恋者，很有可能在童年时期一直处于被忽略或被抛弃的恐惧当中。长大后，为了摆脱这种恐惧，他们会在别人接触自己时表现出疏离和冷漠。这种疏离是为了掩盖自己内心的焦虑，而不是真的冷漠。焦虑型依恋者与他人建立亲密关系后常常会展现出自己愤怒、焦虑，或者疏离的一面。他们的控制欲相对比较强，容易敏感多疑，需要时刻了解对方的行踪，甚至禁止对方和其他异性来往。

这类型的人在亲密关系中依赖感强，容易患得患失，在恋爱关系中会有种低人一等的感觉。他们对安全感的需要更强烈，同时也更加依赖另一方，在对方达不到自己的期望时，就会展现出巨大的愤怒和焦虑情绪。他们需要对方更多的关注，才能安抚自己不安的感觉。

小琪已经20多岁了，却从来没交过男朋友，她常常自嘲自己是母胎单身，可是在面对男孩表白时她又没有勇气开启一段恋爱。直到工作后，家里开始了催婚，小琪才考虑要不要尝试着谈一场恋爱。

正好在一次同学聚会上，小琪碰到了以前就有好感的老同学，知道他不仅单身还和自己在一个城市工作时，小琪愉快地留下了对方的微信。小琪和同学聊得很好，没多久两人就谈起了恋爱。

谈了恋爱后，小琪非常依赖男友，希望他能时时刻刻陪着自己。可是男友的工作比较忙，经常要出差，陪小琪的时间并不多。每次男友出差，小琪都会变得很焦虑，她要求男友一接到她的电话和信息就必须立即回复，还要每天报备行踪。如果男友和女同事稍微联系多了一些，小琪就会变得不高兴。小琪巴不得男友身边只有自己一个女生，如果男友稍有什么要求不能满足她，她就觉得男友不爱她了。

两人的恋爱谈得磕磕绊绊，小琪在遇到问题时只会发脾气，从不想着寻找解决问题的办法。终于有一天，小琪在没经过男友同意的情况下，删除了他微信里的女性朋友，男友终于爆发了，他向小琪提出了分手。

分手后，小琪伤心了很久，但她并没有觉得自己有什么问题。她觉得自己是太爱对方了，所以才有那么强的控制欲。而且她并没有谈过恋爱，男友就应该容忍她不好的地方。就这样，小琪没有反思自己，在之后的恋爱中还是一味地向对方索取更多的爱，她一次次把身边的人吓跑，却不知道自己的问题所在。

每个人都是独立的个体，没有办法被另外一个人完全占有。焦虑型依恋者就是不明白这一点，才会敏感、多疑，又缺乏安全感。因为对方的不可控让他们感到害怕，害怕自己被抛弃，害怕自己不被爱。焦虑型依恋者要做的就是让自己活得更充实，只有这样才能减少对伴侣的高度关注，把自己从焦虑中解放出来。如果焦虑型依恋者想要做出改变，可以参考下面的建议。

1. 反思自己。

人格自我调整的前提就是自我认知的反思。焦虑型依恋者在遇到问题时要先了解自己的问题所在，然后再进行针对性的改变。如果你觉得自己是焦虑型人格者，那么你就需要认识到，你的行为选择首先是为了安抚自己，而不是发泄自己害怕被抛弃的恐惧。如果你需要别人的情感回馈，那么你在情感诉求的表达上就要把握好度，把心里想的事准确地表达出来，而不是一味地发泄，破坏彼此的感情和信任，加剧双方的冲突。

2. 改进自己。

从一些相对简单的小事情入手，尝试用一些新的方法来寻求对方的感情反馈。比如，对方不回信息时，不要一次又一次打电话抱怨你的焦虑和不安，只有获得对方的理解，才能从根本上改变对方的态度。当双方的互动趋于良性时，就会带来新的体验和情感反馈，也会使两人的关系得到切实的改善。

讨好型人格特征：迎合他人，却忽视自己的感受

讨好型人格是一种潜在的不健康的人格，这种人格类型者喜欢一味地讨好他人而忽视自己的感受。讨好型人格者常常以别人的需求为中心，在遇到分歧时，第一选择是成全他人，甚至不惜牺牲自己的利益也要取悦别人。

讨好型人格之所以处处牺牲自己，成全别人，是因为他们把别人的评价看得特别重要，既不敢表达自己，也无法做自己，只能一切围绕着别人的需求转，看别人的眼色行事。这类人在生活中大多唯唯诺诺，害怕与人发生冲突，所以即使受委屈也不敢发表自己的意见，自己的所有行为都是以他人为先，而忽略了自己的诉求。讨好型人格者有以下几个明显的特征。

1. 在意别人的感受。

讨好型人格者对别人的情绪非常敏感，能够快速捕捉到别人不悦的情绪。因

为他们害怕别人的不高兴和自己有关，所以觉得自己有义务让别人高兴起来。他们习惯性地把自己放在满足他人的位置上，所以他们十分在意别人的感受，为的就是赶在指责来临之前，及时调整自己的行为，让别人对自己满意。

讨好型人格者一般意识不到自己的荒谬逻辑，却十分忠实地按照这种逻辑指导自己的行为。他们越重视对方，越会在意对方的情绪，导致自己做任何事情都小心翼翼的，即使犯了一个小小的错误也会让他们懊恼很久。

2. 习惯贬低自己。

讨好型人格者会习惯性地贬低自己，他们会把自己放在弱者的位置来获得一种安全感，用别人很强且自己很差的逻辑来解释一切事情。所以讨好型人格的本质就是抬高别人，贬低自己。

3. 不懂得拒绝别人。

讨好型人格者很害怕说不，从来不懂得拒绝别人。他们害怕拒绝别人后，会引发别人的不满，给别人留下不好的印象，所以即使是无理的要求，或者自己满足不了的要求，他们也不拒绝，只能默默接受。

4. 缺乏界限感。

讨好型人格者做的每一件事都是以取悦别人为目的，为了避免别人对自己产生不满，他们会任凭别人打破自己的底线而不做出任何反抗。

此外，讨好型人格者缺乏界限感，所以他们会想当然地认为别人也没有界限感。他们不仅允许别人在自己的生活里指手画脚，还经常突破别人的界限，渴望建立亲密关系，这让他们常常陷入各种痛苦的人际关系中。

小玥的男朋友是她主动追求的，在两人没谈恋爱之前，身边的朋友们就都知道这个人是小玥心心念念的男神。虽然小玥自封的这个男神长得不帅，性格也一般，但是小玥就喜欢他身上的那股自信，所以一直默默地关心他，为他无限度地付出。

小玥追上男神时，正是他最失意黯然的时候。当时，男神创业失败又遭遇了失恋，不仅和创业伙伴散伙了，还得不到家人的支持，经常借酒消愁。小玥就默默地去照顾他，帮他做家务，还不断开导他，甚至尽自己最大的努力给男神介绍工作。在小玥的温暖关怀下，男神终于走出了人生低谷，还和小玥建立了恋爱关系。

男神喜欢的是独立洒脱、有见地的女孩子，可小玥只会研究菜谱，整理家务，平时和男神的交流也不在一个频道上，两人渐渐就变得无话可说了。小玥知道自己达不到男神的标准，便费尽心思地讨好他，她把生活重心都放在了男神身上，照顾他的衣食起居，给他买各种衣服鞋子。可是，就算小玥只围绕着男神转，仰视着对方而活，男神也对她越来越冷漠。

男神并不是一个欺骗感情的人，他为了不辜负小玥，和小玥谈了好久，实在觉得不合适才尝试着和小玥提出了分手。但是小玥死活都不答应，她能做的就是加倍地对男神好，甚至在他出差时，特意飞到他所在的城市给他一个惊喜。可男神却因为忙，连陪她吃饭的时间都没有。

朋友们知道两人的状态后，都劝小玥分手。可小玥为了讨好对方，仍不停歇地付出。这究竟是爱还是受罪，连小玥自己都不知道了。

讨好型人格者想要走出讨好型的人际模式，就要有站起来的意识。把精力放在提升自己的能力上，而不是花在讨好别人上，时间长了，别人看到你的价值自然也就不会再看不起你，忽视你。

站起来还意味着要明白自己的需求并尊重自己的需求，在合理的情况下，勇于捍卫自己的权利，别人看到你的勇气才能给予尊重。

最后，不要把自己放在弱者的地位，承担自己该承担的人生责任，只有直面挑战才能锻炼自己的能力和勇气，并从这种承担中一步步锻炼自己，走向强大。

高敏感型人格特征：脆弱的“玻璃心”或许是种天赋

美国知名心理学者伊莱恩·N. 阿伦给出了高敏感型人格的定义，她认为，高度敏感并不属于什么“症状”，只是人格特征的一种。高敏感型人格者在人群中的比例不低，拥有高敏感特质的人会把微弱的刺激放大，常常因为一点小事就备受打击。高敏感人群在与人相处的时候也很容易感到焦虑，因为总是担心自己表现不好而被人排挤，所以总是表现出一副唯唯诺诺的样子。

高敏感人格的形成主要有两个原因。

1. 习惯性的低自尊。

高敏感型人群很有可能是在一个长期被否定的环境中长大的，他们在潜意识里觉着自己是不值得被爱的。所以，他们对外界的反馈和评价非常敏感，做事情也谨小慎微，非常害怕别人否定自己，总是希望自己能够做点什么以获得肯定和称赞。

2. 自我要求过高。

高敏感型人群和讨好型人群有一个共同的特点就是无法拒绝别人，为了不让别人难堪，即使别人提出的要求已经超过了自己的能力范围，他们也会答应下来。久而久之，他们就对自己的要求越来越高，以期能满足别人所有的需求。

虽然高敏感型人格者有自己的缺点，但是大家要认识到一点，敏感本身并不是一个缺点。拥有高敏感特质的人，有着很强的细节感知能力，富有同情心和同理心，更容易设身处地地为他人着想。而且对细节的关注也让他们有更强的第六感，能够及时发现别人发现不了的问题。从这个方面来说，敏感并不是什么坏事。

不过，凡事都有两面性，一旦你的敏感超过了正常程度就会变成胡思乱想，你脑海中想象的“事实”将取代现实中的事实，成为你衡量外部情况的标准，让你变得疑神疑鬼，无法正确判断一件事。如果敏感到这种程度，你就会成为高敏感型人格的受害者了。

小环看起来是个低调沉稳的女孩，其实她的内心非常敏感。在认识的朋友里，她一直是最善解人意的那一个，比如平时聚餐时，她会照顾到每个人的口味，全程为大家端茶倒水，忙活个不停。如果有朋友稍微有点意见，如觉得聚餐的地方远了一点之类的，小环都要内疚好久，觉得是自己考虑不周。

不仅对朋友如此，小环在与男友相处时也是处处以男友为先。小环一直都很在意男友的情绪，但凡男友回复消息有那么一些不及时，小环就会胡思乱想，觉得男友是不是对她不耐烦了，是不是有什么事瞒着她。在这种情况下，小环总是越想越觉得是这么回事，自己伤心了不说，还要质问男友一番，男友经常被她突如其来的情绪搞得精疲力尽。

小环在工作上也非常敏感，有时候同事聊天时不经意看了她一眼，小环就会觉得对方是不是对她有什么不满，是不是在说她的坏话。如果上司突然交代了一个新工作给小环，小环就会仔细思考半天，她担心自己把事情搞砸，所以做事时总是战战兢兢的。

小环之所以那么敏感，与她的成长环境有很大关系，她是家里的老大，弟弟出生后，父母就把注意力都放在年幼的弟弟身上了。小环得不到父母的关注，被爱的需要无法得到满足，于是逐渐形成了自卑、内向的敏感型性格特质。

长大后的小环习惯了"必须做点什么"的思维模式，她觉得自己必须妥协和服从才能获得别人的尊重和爱。她也不想因为别人的一句玩笑话就难过半天，但是她自己也不知道怎么办才好。

高敏感人群之所以对外界的信息过分敏感，往往是内心的自卑造成的，加上他们对自己的要求过高，所以才会特别在乎别人的看法，生怕一旦自己不符合对方的期待，就会被别人讨厌。想要改善过度敏感的思维模式，就要从改善自卑和降低自我要求开始。

1. 改善自卑感。

自卑往往是低自尊导致的，低自尊的人看不到自己的价值，特别在乎别人的评价，最关心的是自己的行为表现能否讨好对方。所以，改善自卑感，首先要做的是肯定自己，肯定自身的价值。

一个能够做到肯定自身价值的人，是不会过分在乎外界的评价的。只要自己的行为没有问题，别人的肯定与否对自己影响不大，这才是高自尊的一种表现。如果你认为目前自己还有不足的地方，那么就努力去提高自己的价值，从学习的过程中收获自信。

2. 降低自我要求。

如果对自己的要求过高，你是很难获得自我肯定的。因为你对自己的要求超出了自己的能力极限，失败是必然的。所以，想要通过满足别人的一切需求去讨好所有人是不成立的。

正确的做法是降低对自我的要求，做力所能及的事，然后通过不断的成功培养自己的自信。只要你降低了对自己的要求，降低过高的期待，你的敏感度也就会随之降低。

高防御型人格特征：自我保护成了“作茧自缚”

防御是精神分析理论中的概念，指的是个体保护自己的一种基本功能。高防御型人格者就是过度使用了原始的防御机制，过于单一、固执且缺乏柔韧度的人格表现。

心理防御是个体对自身的一种本能保护，当个体在面对不好的信息和反馈时，为了保护自己的价值感、存在感、自尊心和安全感，防御机制就会启动。大量心理防御相关的研究表明，每个人的内心都有防御机制，这种自我防御对个体而言有着一定的积极的适应价值。

然而，防御性过强的人内心极度缺乏安全感，他们害怕生活中的各种挑战，因此也无法从这些挑战中获得成长，突破自我局限。在他们的潜意识里，自我是虚弱的，只能长期启动心理防御机制进行自我保护。

谨慎小心、容易焦虑、完美主义都是高防御型人群身上所具有的特征，他们会给自己设定许多条条框框，只允许自己在这些框架内行事。这类人缺乏兴趣爱好，因为谨小慎微，也不具备冒险精神，不会轻易进入社交活动，也不容易和别人建立深度关系。

防御性强的人不仅会给自己带来很多麻烦，同样也会给别人带来很多困扰。与防御性强的人相处通常是非常不好的一种体验，因为他们在启动防御机制时，会拒人于千里之外，甚至拒绝沟通与协调。在这种情况下，很少有人能坦然地接受被拒绝的信号，只好放弃与他们建立社交关系。

高防御型人格者的本质就是过度使用了防御的本能，这种保护自己的方式最终将导致个体作茧自缚，把自己裹在脆弱的自尊之中。高度的防御本能看似可以保护自己不受一时的伤害，但这种拒绝成长和突破的自我保护，反而会让自己更容易受到生活的伤害。

小天是一个被大家公认的难相处的人，当朋友给他提意见时，他常常会表现出一副很不耐烦的样子。有时候，当别人问他的意见时，他又是一副高高在上，觉得别人都很愚蠢的样子。工作上，小天也不是一个容易协调和沟通的人，有时候开会讨论一个问题，小天总是欲言又止，把自己的想法说一半就不说了，唯恐大家笑话他一样。因为这个难相处的性格，小天在公司里也没交到什么朋友，之前认识的朋友也越来越少与他交流了。很多时候，朋友面对他这种拒绝深入交流的样子，都不是很想搭理他了。

小天那么难相处，完全是因为自己内心一种强烈的自我保护欲望在作祟。他不想听从别人的意见是因为害怕降低自己的价值感，而不愿意给别人提意见是因为害怕自己被否定。他只能过度防御，拒人于千里之外，就算让朋友们反感、失望，离自己而去，他也没办法放弃防御的姿态，他的防御其实只是在努力地自救而已。

小天变成现在这样都是因为家庭教育太过严厉，他的父亲从来没有表扬过他，除非他取得第一名的好成绩，父亲才勉强肯定他一下。如果下一次他考不到第一名，他又会迎来父亲的冷嘲热讽。他的童年时期没有得到过认可和尊重，所以长大后，他只能极尽所能地保护自己不被伤害。可是，小天没有意识到，这种过度的防御心理带给他的伤害才是最严重的。

过度的心理防御在一定程度上是由于当事人内心深处的羞耻感造成的，试想一下，如果我们在生活中总是被一个有权威的人否定，我们无法质疑他的权威性，就只能陷入羞耻感中。就像小天一样，他因为一直被父亲否定，所以会不自觉地认为父亲是正确的，自己是错的。这种对自己错误的认定，从根本上剥夺了他练习理性思考的机会，让他很难养成逻辑思考的习惯。

防御性强的人想要获得真正的成长，必须摆脱自己内心的羞耻感，大胆地质疑关于自己的不公平评价，即使那些评价是来自父母的、来自权威者的，我们也不需要全盘接受，而是应该更客观地看待他人的评价，并重新评估自己的体验。

当然，消除羞耻感一定会是一个漫长的过程，但这个过程对防御性强的人来说是非常有益的。消除羞耻感可以帮助防御性强的人进行自我疗愈，完成自身的成长。一旦你能够有意识地面对羞耻感时，就可以正确面对一些负面的评价和反馈，不会再急于去否认和攻击这些反馈。

情感钝化型人格特征：陷入消极麻木的生活状态

情感钝化在心理学上指的是一种情绪麻木的状态，具有情感钝化型人格特征的人很难感知各种情绪。他们对积极情绪和消极情绪的感受是同等钝化的，不仅很少有被爱或被关心的体验，还会自动过滤掉那些被伤害的体验，简而言之就是一种全面的自我情绪麻木。

情感钝化的人经常会感到空虚和沮丧，他们不在意别人的情绪，也不在乎别人在不在意自己的情绪。他们把自己活成了一座孤岛，很少体验情绪和表达自我的欲望。这种人格特质，看似没什么大的缺陷，实质上是一种深入的隐形创伤。

人是社会性动物，需要维持各种关系，情感钝化的人也一样。但是感情麻木的他们很难在各种关系中表现出自己的真实状态，他们只能在生活中表演各种符合自己人设的角色。比如，他们要维护稳定的家庭关系就必须扮演好一个家长或一个配偶；他们要做好自己的工作，就必须扮演好一个员工或一个老板。正因为情感钝化的人意识到了自己的麻木和隔离在各种人际关系中的格格不入，所以才会在不同的情境中呈现出大家期望的一种表现。他们这么做是为了减少生活中的痛苦，而表演出正确的回应就是他们适应人际关系的方法。

在表演的掩盖下，很少有人能察觉到情绪钝化人群的真实状态和情绪，这也加剧了他们情绪麻木的体验。长期的情感钝化是非常有害的，深陷这种困扰的人群无法表达自己，也无法被他人理解。在面临人生危机时，他们会有更痛苦的情绪体验，长此以往，其身心健康都会受到损害。

在别人眼中，陈媛一直是个生性凉薄的人，她最常说的一个词就是“两清”。她从不喜欢欠别人的，心里总是装着一本人情账。朋友请她吃饭，她一定会找机会请回来；朋友送她生日礼物，她也一定会回送一样更贵的。就连男朋友的人情，陈媛也不愿意欠，两人谈恋爱吃的每一餐饭都是在陈媛的坚持下均分的。陈媛的男朋友经常抱怨她把自己当外人一样，有事宁愿自己处理也不找他帮忙。

陈媛总是这样，既不想从别人身上得到什么，也不愿意别人占自己便宜。她和认识的人都客客气气的，看起来和谁的关系都挺好，但实际上和谁的关系都一般。朋友遇到感情问题，只要不找陈媛开解，她就真的能置身事外。而且看到朋友伤心欲绝，她反而觉得只是一段感情而已，何至于如此伤心。

有时候，男朋友会抱怨陈媛的心是石头做的，一点都不像其他恋爱中的女生那么黏人，也从来不关心自己。抱怨得久了，陈媛的男朋友就把她甩了。朋友们都来安慰陈媛，大骂她的男友是一个渣男。陈媛自己反倒冷冷淡淡的，好像受到伤害的不是自己一样。朋友们都觉得自己费力不讨好，也就不去安慰陈媛了。

陈媛和父母的感情也不深，大部分时间都不会有想家的念头。她很少和父母联系，也不会对父母絮絮叨叨地说自己的事情。她就是这样，仿佛天生就没有炙热的情感，很难热情地回应别人。陈媛的大部分时间都是自己一个人度过的，她不知道这样好不好，也不知道自己是不是真的有什么问题。

情感钝化的人常常因为自己情绪麻木而意识不到自己的问题，就像陈媛一样。但是如果我们意识到了自己是一个情感钝化的人，希望自己能够拥有更敏锐的感知能力，该从何做起呢？

1. 在认知层面上重新认识自己。

只有在认知层面上重新认识自己，深度洞察自我后，才能让自己体会各种情绪，做到接纳、包容自己和他人的情绪。

2. 多运动，帮助大脑复苏。

大脑的情绪体验中枢神经功能受限会导致情绪钝化，而运动可以在一定程度上改善情绪钝化的生理条件。多运动可以直接帮助大脑功能的复苏，让我们重新唤醒自己体验情绪的本能。

3. 寻求专业的心理咨询。

当一个人认知不够时，就无法对事件做出及时、恰当的情绪反应，更易出现情感迟钝的问题。心理咨询可以帮助你扩大心理认知资源，厘清自己情绪产生的缘由和发展脉络，正确地应对各种强烈的情绪。

控制型人格特征：把想法和观念凌驾于他人之上

每个人或多或少都会有一些控制欲，而控制欲过强则是一种病态的表现。控制欲强的人对事痴迷于绝对的支配权，对人则痴迷于绝对的占有权。他们不允许别人在思想上或行为上违背自己的意思，对他们来说，权威比正确与否更重要。

控制欲强的人在日常生活或工作中往往都是很难相处的，他们希望别人能绝对服从自己，因此基本不会听取外界的任何建议。如果他们对一件事不能拥有绝对的控制权，他们往往会选择拒绝合作。对他们来说，没有绝对的控制权就意味着自己有可能被否定，被否定就等于自己的权威受到了挑战，这会让他们非常没有安全感。

控制欲强是极度没有安全感的表现，这类人只有通过控制外界的人和事才能给自己带来安全感。控制欲强也代表了对他人不够信任，所以他们才寻求绝对的支配权。

控制欲强的人的内心深处是非常渴望被他人肯定的，他们害怕被忽视，也害怕被拒绝，所以才伪装成一个外表强大的人。在不需要用控制进行自我防御时，控制欲强的人也不是一直那么强硬的，他们也会对周遭的人表达出自己的善意，而且他们所具备的强势和不怕冒险的精神，在一定程度上也是极具个人魅力的。

小莫的丈夫是她在读大学时的学长，只是读书时他们并不认识，工作后经同学介绍，小莫才和丈夫相识的。小莫和丈夫谈了两年恋爱才步入婚姻的殿堂，在小莫的眼里，丈夫是个强势且有魅力的男人。没结婚之前，丈夫对小莫可谓关心备至，小莫偶尔出个差，丈夫都要让她共享位置，以确保她是安全的。小莫在工作上遇到难题也会向丈夫请教，一旦小莫照着丈夫的意思做了，他就会非常开心。

可是婚后，小莫发现丈夫的控制欲有些太强了。丈夫觉得既然结了婚，小莫就完全属于自己了，所以小莫不论做什么事都要听他的。小莫的丈夫是做销售工作的，收入很高。婚后没多久，他就要求小莫辞职生娃，在家做全职主妇。

小莫觉得自己还年轻，不着急生孩子，便没答应丈夫的请求。谁知丈夫和她整整冷战了一个月，大有小莫不答应就永远不再理她的架势。

小莫苦口婆心地劝了丈夫好久，丈夫才答应给小莫两年的工作时间，等两年时间一到，小莫就必须回家生孩子。小莫的事业心不强，再加上丈夫的收入很高，小莫就顺从了丈夫的安排。

这件事后，小莫发现丈夫的控制欲越来越强，连小莫出门穿什么衣服他都要管。小莫平时也不能和朋友出去聚会，因为丈夫觉得小莫在外面是不安全的，如果她想出门只能由他陪着才行。

没过多久，丈夫为了让小莫留在家里，擅自帮小莫提交了辞职申请。小莫终于忍不住爆发了，她和丈夫大吵了一架。小莫指责丈夫控制欲太强，让她没有了自己的个人空间。丈夫却说，夫妻俩不应该有个人的空间。两人无法说服彼此，小莫一气之下搬回娘家住了几天。丈夫终于服软，好言好语地把小莫接了回来。但是小莫发现丈夫并没有改掉自己的毛病，还是处处都管着她。两人看似和好如初，但是小莫的心里很清楚，他们的婚姻已然充满了猜疑和不信任，她也不知道这种婚姻关系还能维持多久。

控制型人格者往往以自我为中心，漠视他人的感受，集自恋、自私、操控于一身，只想让他人为自己的利益服务。在情感的世界里，他们的最终目的也是占有对方，控制才是他们追求的根本。

控制欲强的人在处理事情时往往表现得冷酷无情，丝毫不顾及他人的感受，非常不利于自己的人际交往。那么该如何改善自己的控制欲呢？

1. 正确认识自己的控制欲。

许多具有强烈控制欲的人并不知道自己存在的负面情绪都是来自自己的控制欲。他们的控制欲促使他们习惯性地想要掌控别人的事，他们却认为自己是为他人的事操心，是一种善意的行为。当别人不顺从他们的意愿时，控制欲强的人根本意识不到自己的控制会让别人感到不适，反而会因为别人的不顺从而引发负面情绪。

所以，拥有控制型人格的人要认识到，自己是无法绝对占有别人的，自己也无法控制别人的思想和行为，这种想要控制别人的倾向是极端错误的。

2. 接纳自己的不完美。

只有接纳自己的不完美才能认识到自己的不足之处，才不会要求别人事事都按照自己的意思来。当一个人发现自己也会有失误和犯错误的时候，才会意识到自己也有控制不了的事情。当一个人接纳了自身的不完美，能够坦然面对自己的不足之处，也许他就会发现，别人并不像他想象中的那么糟糕，并不需要事事都听从他的安排。

3. 强大自己的内心。

控制欲并不是强大的表现，反而是一种弱者的心理。拥有控制型人格的人只有强大自己的内心，才能发现控制他人并不会让自己变得更加有权威，相反还有可能破坏自己的人际关系。所以，有控制欲人格的人更应该强大自己的内心，进而摆脱自己的控制欲。

4. 和控制欲成为朋友。

控制欲也是欲望中的一种，虽然它有时候会影响我们的行为，让我们变成一个控制狂，但是从另一个角度来看，适当的控制欲也可以激发我们进取的冲劲，让我们离成功更进一步。

所以，我们可以试着让自己和控制欲成为朋友，接受自己想掌控周围一切的欲望。我们不需要千方百计地摆脱自己的控制欲，因为一个人越想逃离自己的欲望，欲望反而会变得更加强烈。

偏执型人格特征：对世界充满敌意

偏执型人格是人格障碍的一种，偏执型人格障碍者大多心胸狭窄，对他人过分警觉，而且自我评价过高，所以容易固执己见，敏感多疑，不仅不能接受他人的批评，面对挫折和失败时也比一般人更加在意。

偏执型人格障碍者如果受到质疑，他们不仅不会反思自己的问题，反而会觉得别人是故意针对自己，所以常常与他人进行激烈的争论，甚至会出现攻击他人的冲动。因为偏执型人格障碍患者对事态前后关系缺乏正确的评价，所以才容易引发病理性嫉妒。

虽然偏执型人格障碍者经常陷入痛苦中无法自拔，但他们很少有人能直视自己的问题，对自己的偏执行为常常持否认态度，他们很少去寻求专业的帮助。就算意识到了自己的问题，他们也很难靠自己的努力有所改变，只能向外界求助，但专业的指导对他们又难以起到持续的作用，导致他们继续陷入从前的状态。所以，偏执型人格障碍的治疗往往是一个长期的任务。

造成偏执型人格障碍的主要原因有以下几点。

1. 童年缺爱。

偏执型人格障碍者在幼年时往往缺少被爱的体验，他们在家庭中经常不被信任，或者常常被拒绝，经历最多的也许就是父母的指责和否定。因为童年缺爱对偏执型人格障碍者的影响最大，所以单亲家庭中成长起来的人群更易表现出偏执型人格。

2. 成长后受挫。

如果一个人在成长过程中经常遭受生活的打击，总是遇到挫折和失败，那么他成为偏执型人格障碍者的概率也很大。

3. 生活处境不佳。

有的偏执型人格障碍者有很深的自卑心理，这通常是由于他们自身条件不佳造成的，如个子不高、长相不出众、才能不突出等，都会导致他们出现自卑心理。再加上生活处境不佳，如学历不高或经济状况不好的人就会加深自己的自卑心理，发展成为偏执型人格。

小琴最近交了一个占有欲非常强的男朋友，她男友非常介意她和别的异性有来往，动不动就查看她的手机，翻看她的聊天记录。小琴的朋友对她的男友都没什么好感，觉得这个人看上去有点偏执。小琴一开始还不以为然，觉得男友是太在乎自己才对她有占有欲。慢慢地，小琴也发现男友的占有欲有点过头了，有时候她和别的男生说几句话，都会被男友怀疑她在和别人搞暧昧。男友本身又有些自卑，觉得自己家庭条件不好，总是说小琴早晚会嫌弃他。

小琴是播音专业的学生，经常主持学校里举办的各种活动。有一次学校校庆，学生会会长帮小琴借到了她心仪已久的礼服，小琴很高兴地和会长多说了几句话。没想到，男友看到她和会长有说有笑的，立马就拉下脸把她带走了。事后，男友一直不停地质问她是不是看上会长了，是不是嫌弃他没有会长条件好，想甩了他。

小琴这才觉得男友确实偏执得有些可怕，不仅嫉妒心强，还固执己见，从来不相信别人的话。两人因为这件事冷战了好几天，小琴在这段时间里想明白了很多，她觉得男友确实不适合自己，于是和他提出了分手。男友却认定小琴是看不起他，一直在外面和别人说小琴嫌贫爱富之类的话。小琴庆幸自己早早地分了手，这样的男生确实不适合自己。

偏执型人格障碍不是靠自己的努力就可以改善症状的，最好能够寻求专业的心理治疗。针对其症状，主要的治疗方法有以下几种，我们可以了解一下。如果有必要，偏执型人格障碍者可以找医生进行更详细的询问。

1. 认知领悟法。

认知领悟法的前提是，咨询师需要与偏执型人格障碍者建立信任关系，使其对自己有正确、客观的认识，并自觉产生要求改变自身人格缺陷的愿望。等偏执型人格障碍者有了反省的思维，就可以认识到自己的不足，主动接受专业的治疗。

2. 行为训练法。

培养偏执型人格障碍者的服务习惯，鼓励其积极、主动地帮助别人，从而学会信任别人，消除不安感。鼓励他们积极交友，在交友的过程中克服偏执心理，寻求朋友的帮助，消除心理障碍。

3. 疏导疗法。

对偏执型人格障碍者进行心理疏通，缓解其心理矛盾，正确对待自我，积极观察、客观评价他人的言行，从而排除心理障碍。

上帝视角型人格特征：陷入以偏概全的迷障

上帝视角本是文学作品中的一种叙述方式，又被称为“第三人称视角”，这种全知全能的视角可以为局外人提供完整丰富的细节。

以“上帝视角”命名的人格类型虽然经常在生活中听到，但是在心理学中并没有严格的分类定义。具有上帝视角型人格的人通常认为自己的信息最全面，并因此否认他人的表达，甚至想方设法剥夺别人的表达权。他们很难觉察到自身认知的局限性，只执着于自己对事情的解读。

拥有上帝视角型人格特质的人习惯否定他人，这种人格特质和自恋型人格特质有一定相似的地方，其本质都是难以摆脱以自我为中心的心理。上帝视角型人格者习惯通过自己的想象，解读一切人和事。他们认识不到事物的复杂性，也不关注他人内心的细腻变化，认为自己看到的状态就是全部的事实。

上帝视角型人格者与自恋型人格者不同的是，上帝视角型人格者擅长抢占道德的高地，通过道德评判让他人自动打消自己的主张。此外，上帝视角型人格者很难在和别人对话时，保持一定的逻辑和理性。因为他们只关注自己的正确性，并不关注事件本身，即使在事后发现自己错了，他们也会指责别人，并且绝对不可能向别人表达歉意。

现实生活中，没有任何人可以真正拥有上帝视角，所以上帝视角型人格特质是一种不利于个体发展的人格特质。上帝视角型人格只会让个体更容易以偏概全地去解读全部事实，并通过打压他人的方式处理生活中的所有问题，其中带来的误解和伤害只会让拥有上帝视角型人格的人无法与他人建立健康的人际关系，而长期被人孤立。

只有正确认识这种人格认知的局限性，我们才可以在复杂的生活中，认真地了解和倾听他人，然后在此基础上做出回应，真正解决各种问题。

认识小万的人都觉得他很难相处，他总表现得全知全能一样，一旦别人和他的观点不一致，他就会露出不屑甚至轻蔑的表情。有时候朋友一起小聚，大家都有说有笑地讲一些时下流行的话题，而小万就喜欢打断别人的话，有时候说别人的出发点不对，有时候又说别人的知识储备量不够。但是大家都知道，现在是知识碎片化的时代，每个人都只不过是在网上看到了一两个观点，和朋友闲聊而已。可是每次有小万在场时，他就喜欢好为人师，纠正这个，纠正那个的。

小万在工作上也是一副什么都知道的样子，有时候同事被领导批评了几句心情不好，他还去帮人分析对错，觉得肯定是同事没做好才会被批评。久而久之，小万在公司里也给大家留下了一个难相处的印象。

慢慢地，除了一起玩到大的发小，小万几乎没有别的什么朋友了。但是小万从没有意识到自己有什么问题，他也不觉得自己是好为人师，他只觉得别人不虚心罢了。

任何人和别人产生关系时都会对对方的行为或心理进行解读，但是大部分人都了解自己的解读只是一种推测，能够和事实相近就已经很不容易了，更不可能像上帝一样全面地了解对方。上帝视角型人格者，就是没有认识到这一点才有其局限性。那么该如何改善这种人格特质呢？

1. 充分了解自己，提高内心的安全感。

充分了解自己，承认自己不可能知道一件事或一个人的全部信息。承认这一点，在面对他人的挑战和否定时，自己就不会过度使用防御机制来支撑自己的假自信了。了解到上帝视角只是一种极其强烈的自我保护后，你就会正视和承认自己并不是上帝这个事实。

2. 自我察觉，了解自己的内心。

上帝型人格特质是个体在成长的过程中形成的，这是一个长期的过程，也许很多人从懂事起就会调动自我防御机制，所以改变这个特质也需要一个长期的过程。学会自我察觉就是走上这个过程的第一步。在情绪激动的时候，先问自己几个问题："我的判断全面吗？""我真的了解全部情况吗？""别人的观点确定是错的吗？"问完这几个问题，也许你就会从好胜的欲望中冷静下来，对外界的人和事做出一个客观的评价。

被动攻击型人格特征：用刻意、隐蔽的方式表达愤怒

被动攻击型人格在没有发展到一定程度之前并不算是一种人格障碍，充其量只是基于本我的一种防御性机制而已。

我们在生活中经常能看到具有被动攻击型人格特质的人，他们在面对不喜欢的社交或工作任务时，经常选择消极的抵抗来表达自己的敌意。比如，他们被安排不想做的工作时就会故意拖延，或者故意降低自己的效率。有时候为了维持表面的和谐，他们还会装出一副热心的样子，其实却在私底下故意添乱。相信大家身边或多或少都有几个具有这种性格的人，我们有可能在各种情形下都感受过这种人格的存在。

小丁在一家美容院做文案，每天的工作量很大，常常要加班才能完成。一开始，同事都以为小丁是一个任劳任怨的人，无论经理给他安排多少工作，都没见他有什么怨言。但是熟悉之后，同事们才知道小丁也不是逆来顺受的人，他常常会用自己的方式发泄脾气。小丁从来没有直接拒绝过经理安排的工作，但是他常常以资料不多、工作难度太大为借口来拖延进度。小丁拖延的次数一多，经理就觉得安排给他还不如交给别人来做，于是小丁用这种方法逃避了很多额外的工作。

小丁在生活中也很少对他人说不，他看上去为人和善，仿佛永远不会拒绝别人一样。但是如果遇到小丁不想参加的聚会，如给不熟的朋友过生日之类的，他就会先答应下来，到时候再找个借口推掉，其实他根本没有真的想去参加这种聚会。

小丁很少公开表达自己的不满，即使他被严重地冒犯了，也会避免和别人直接发生争执。他最多说一些赌气的话，如“随便你”“我不在乎”之类的，这就是他能表现出的最大的不满了。因为小丁的这种性格，就算别人对待自己的态度很恶劣，他也不会承认自己受到了伤害。

无论是生活中还是工作上，和具有被动攻击型人格的人打交道通常都是非常不好的一种体验。当我们面对具有这种人格类型的人时，该如何和他们相处呢？

1. 及时辨认被动攻击型人格。

由于被动攻击型人格表现出来间接的消极行为，我们很难直接通过一个人的行为方式来判断其人格特质。我们可以观察对方的一些具体表现来判断对方是不是被动攻击型人格者，如对方是否极力避免争吵和冲突，或者总是絮絮叨叨地抱怨别人不懂他的感受等。如果对方非常频繁地出现以上的行为，那么他极有可能具有被动攻击型人格。

2. 注意自身的言行。

和被动攻击型人格的人相处时要注意谨言慎行，不要主动引发冲突。如果已经出现了冲突，尽量用诚恳的态度让对方放下戒备，切记不能用被动攻击去还击。心平气和地将话题转移到重要事情上去，直截了当地表明自己的观点，不要传递出打探、怀疑等负面信号，避免让对方误会自己话里有话。

抑郁型人格特征：无法体验快乐的忧郁者

抑郁型人格是以悲观消沉，自我否定为特点的人格特质。如果个体长期出现消沉、内心忧虑的症状就有可能发展为抑郁型人格障碍。抑郁型人格虽然和抑郁情绪有关，但需要强调的是，抑郁型人格不等同于抑郁症。

悲观是抑郁型人格的最大特质，抑郁型人格群体常表现出悲观或对外界持有怀疑的态度。他们羞于自我满足，认为这是不恰当的，所以会下意识地认为承受痛苦是一种美德。周围人很难读懂这类人的内心，因为他们很少谈论自己，其人格常常隐藏在一个沉稳冷静的面具之后。抑郁型人格会损害个体的进取心，所以具有抑郁型人格的个体通常很少能进入高层的职位。

造成抑郁型人格的因素除遗传外，还有不良的亲子关系。如果个体在童年时期，父母没有培养其独立的习惯，在成长的过程中，个体就会对自我成长或独立感到不安。此外，有研究表明，创伤事件带来的情感、认知体验也将存在于个体的早年记忆之中，对个体的大脑功能产生永久的影响。

按照弗洛伊德的理论，早年痛失亲人的体验是个体产生抑郁心理的基础。在弗洛伊德看来，抑郁状态下的个体对自己的憎恨程度远远超出了自己的实际缺点，他们会记住自己的每一个过失，并在脑海中不断地追忆自己曾经做过的错事，却对自己的优点熟视无睹。

除悲观型抑郁外，抑郁型人格者还有较多的烦恼型抑郁，这类人的悲观中有时还带着忿忿不平的情绪，喜欢挑剔别人，讽刺挖苦别人。他们的愤怒很少事出有因，反而常常因为内疚而表现出愤怒。他们的内疚是一种广泛存在的负罪感，与偏执者具有否认和防御性质的内疚有所不同。

小C大学毕业后因为工作原因留在了南方的一座城市。这座城市干净漂亮，因为经济发展好，工作机会也多，看上去比小C的老家好太多了。只是，每当进入冬季，小C就会被抑郁的情绪所笼罩。她不喜欢江南地区连绵不断的阴雨天，经常好几天见不到太阳会让她的情绪特别低沉。都说冬季是抑郁症的高发季节，小C对此感触颇深，因为阴冷的天气很难让她保持一个好的心情。

小 C 是典型的抑郁型人格者，她总是对自己的缺点耿耿于怀，工作上如果打错了一个表格，她都会记很久，觉得是自己的能力不行。进入现在的公司已经三年了，她还只是业务部的一个行政助理。经理本来想让有经验的前辈带着小 C 做项目，可是小 C 自己打起了退堂鼓，她觉得自己没那个能力，如果在项目上出了什么错就不是打错一个表格那么简单了。

就这样，小 C 什么都不太敢轻易尝试。虽然和男友一起留在了这座机会很好的城市里，但是男友早就升职做了部门主管，她却止步不前。这种悲观的性格也让两人经常聊不来，男友对小 C 的感情也越来越淡。

抑郁型人格是一种迷失的错位，想要改善这种人格特质，就要敢于做自己，满足自我的需求，提升自我的价值。

1. 制定简单的目标。

正视自己的状况，制定一些简单且容易完成的目标。比如，把一项大而繁杂的工作任务分成若干小部分分期完成。通常人们在完成目标后可以提高自信心，抑郁情绪也就会减轻一些。

2. 多和人交往。

独来独往只会加重自己的抑郁情绪，想让自己的心态乐观就要尽可能多地尝试与人们接触和交往，尽量多参加一些活动，让自己身处热闹之中。

过度奉献型人格特征：满足他人比满足自己更为重要

过度奉献型人格的特点是极度忽略自己，想要通过迁就他人来获得与他人的良好关系。这类人通常没有自我，常以他人的利益为先，误以为别人需要自己。

他们的自我力量极其虚弱，最害怕被指责和反对。

每个人天生都会为了自我的完整发展，而努力保护自己的利益不被侵害。但过度奉献型人格在受到伤害时却不会本能地去反抗，去表达自己的愤怒，这多是由于他们在成长过程中因为父母的道德绑架而没有学会反抗和愤怒。在童年时期，他们的愤怒情绪多半不被允许存在，因为父母总是举起“你要懂事”的道德大旗，这种道德绑架会将个体的反抗和愤怒深度扭曲。

和抑郁型人格特质一样，过度奉献型人格特质也往往来自童年时期的创伤经历和成年后的社会压迫。这类人格群体多生活在一个压迫的家庭环境中，他们的父母本身就没有边界感，所以他们自己也从来不知道父母有父母的责任和权利，孩子也有孩子的责任和权利。为了不给父母添麻烦，他们学会了小心翼翼地生活。这种充满虐待感的成长环境让生活在其中的人变得没有自我，以为只有奉献和讨好才能获得他人的爱。

秦文是个有着极度奉献感的母亲，她是名校毕业生，有着一份很好的工作，因为她想照顾女儿就毅然决然地辞职回家做起了全职妈妈。秦文对女儿的照顾无微不至，每天都早早起床为女儿准备丰盛的早餐。因为女儿只喜欢吃蛋清，不吃蛋黄，秦文每次都会把煮鸡蛋的蛋清留给女儿，自己吃蛋黄。等女儿吃过早饭，秦文会风雨无阻地把女儿送到学校。接女儿放学时，秦文还会给女儿准备各种零食，为的就是能让女儿高兴一下。

就这样，秦文全身心地扑在女儿身上，可女儿和爸爸的关系却比和她要更好。平时，女儿总喜欢黏着爸爸，与她的交流反而不多。有一次，女儿考试成绩不理想，秦文说了她几句，女儿反而生气地质问秦文为什么要做家庭主妇，把自己看得死死的不说，同学的家长还笑话她妈妈名牌大学毕业居然回家做家庭主妇。秦文想不明白，自己全心全意地为女儿着想，居然还做错了？

秦文问女儿：“妈妈尽心尽力地养育你，是因为爱你，想让你变得更好。为什么你不能学会感恩，多爱妈妈一点？”

没想到，女儿却冷冰冰地说：“你生下了我，所以你养育我是应该的。你只会让我学习，让我上补习班，从来不关心我想要什么。你做的一切都是为了自我感动。”

秦文被女儿说得哑口无言，她第一次意识到自己的教育方式也许是错的。可是，她不知道自己应该从哪里开始改呢？

秦文看起来是非常爱女儿的，但是她的爱是极度奉献型的。她放弃了自我利益，甚至以牺牲她和女儿之间的真正了解和尊重为代价，维持了一个和谐家庭的假象。她想要做出改变，就需要认清自我价值，让自己的生活更丰富一些，学会为自己而活。

1. 提升自我力量感。

人和动物一样都有获得力量感的本能，这种力量感是个体安全感的基础。力量感源于自己的掌控力，因此一个人想要提升自我力量感就要从掌控自己的生活开始，不论是自己的生活环境也好，还是身边的人际关系也好，只要对这些方面有一定的掌控力，就可以让生活的重心回归到自己身上，而不是把所有的精力都放在奉献他人上面。

2. 提高自我意识。

即使是习惯过度奉献的人也有强烈的自我意识，在他做出奉献时也会提醒自己不能放弃自己的个人目标和利益。自我意识是维持自我利益和他人利益之间平衡的工具，自我意识提高后，个体才有可能主动、自觉地对他人说不，从根本上阻断个体感到内疚的可能性。

表演型人格特征：人生如戏，全凭演技

表演型人格障碍是病态人格的一种，以往的研究里也将其称作“歇斯底里人格”。表演型人格者以夸张的言行吸引他人的注意力，具有此人格特质的人归属感薄弱，希望所有人都能关注自己。他们经常高估自己和他人的关系，为了寻求他人的赞同，行为上大多富于戏剧性，情绪上又变化无常，有时候会为了一点小事而大发雷霆。

表演型人格一般出现在青少年时期，年龄多在 25 岁以下。青少年大多希望自己是受万众瞩目的那个人，所以会想尽一切办法，让自己被人关注到。他们在人前卖力地表演，不过是希望别人能够肯定自己的价值。

表演型人格者和讨好型人格者都是为了获得归属感，但是表演型人格者不像讨好型人格者一样在乎别人，他们更在乎的是自己。他们希望自己是人群中最耀眼的那一个，无论在任何场合都能掌握话语权，他们爱出风头，喜欢谈笑风生，为的就是吸引目光，抢占社交圈的中间位置。

具有表演型人格的人在成熟后往往会有一个个性上的转变，就是当他们发现没有人欣赏自己的演技，而且用演戏般的方式生活很累时，他们会从幼稚走向成熟，变得内敛含蓄，不再像年少时那样张扬。

表演型人格的成因与不被关注的童年生活有关，因为父母对自己的关注不够，于是他们就习惯用一些手段来博取父母的关注。这样的童年经历对个体成年后的行为模式影响很大，成年后的他们仍然有可能认为自己会被人冷落，所以就努力表现自己以期获得别人的喜欢。

小斗一直是个爱张扬的人，她在一家娱乐公司的公关部就职，平时积攒的谈资很多，每次碰到朋友，她都喜欢高谈阔论，有意无意地标榜自己知道很多娱乐圈的内幕。小斗常常说自己是踏进娱乐圈的人了，所以衣着打扮非常时髦。有时候别人说她搭配得奇怪，她还会嘲笑人家不懂时尚。

在爱情方面，小斗的虚荣心也很强，她经常吹嘘自己见过很多帅哥，这些帅哥还都很欣赏她，甚至主动追求她。但是她不为美色所动，只要是她不喜欢的，就算再帅也无法让她心动。

小斗平时看起来大大咧咧的，一副和谁都玩得很好的样子，但是她的脾气却有些喜怒无常，高兴时嘻嘻哈哈的，稍微有点不顺心就会跟别人大吵大闹。这种喜怒无常的性格也让她的人际关系变得十分紧张。有时候，朋友看不惯她高谈阔论就装作无意地揭穿她，这时小斗就会从意兴阑珊立刻变得萎靡不振。但是伤心过后，小斗依然我行我素，高谈阔论的毛病也没见改多少。

表演型人格障碍作为一种病态人格是需要及时纠正的，那么该如何判断自己是不是表演型人格呢？我们可以根据以下几个特点进行参考，但还是需要找专业的心理咨询人士来进行诊断。

1. 喜欢表现自己，情绪上极具戏剧化。

表演型人格者最喜欢做的就是表现自己，他们的情绪极富戏剧化色彩，喜欢用夸张的表演行为吸引别人的注意力。具有这种人格的人一般都有较好的艺术表现才能，他们的行为不仅演技逼真，而且还有一定的感染力，但他们常常表现出过分做作和夸张的行为，甚至采取装腔作势的姿态，让别人把注意力都放在自己身上。

2. 喜欢感情用事，但情绪不够稳定。

这类人通常感情丰富，对什么事都有着极大的热情，但是他们的情绪稳定性不足，看似炙热，可是对谁都不会投入太多的感情。因此，他们在情感上变化无常，即使面对轻微的刺激，也可能会产生激烈的情绪反应。由于情绪反应过分激烈，他们往往给人一种肤浅，没有真情实感和装腔作势的印象。

3. 高度地以自我为中心。

这类人往往高度地以自我为中心，喜欢受到别人的关注和称赞，只有投其所好才能合他们的心意。他们也喜欢别人取悦自己，只有一切围着自己打转时，他们才会感到满足。如果别人的行为让自己满意了，他们就会表现得欣喜若狂，当别人违逆自己的意愿时，他们就会感到不满，甚至会攻击他人。

4. 拥有丰富动人的幻想。

这类人大多拥有丰富动人的幻想能力，他们在思考或讲话时常常掺杂着自己脑海中的丰富想象。所以，他们讲话时常常会表现得夸大其词，有时甚至会分不清事实和假象，把假想的事情和现实掺杂在一起，从而给人一种不值得信任的印象。

第六章

CHAPTER 06

走出阴霾，躲开人格障碍的“暗礁”

正视人格障碍：直面内心黝黑的“山洞”

人格障碍通常是一种发生于青春期并持续一生的精神障碍，是个体在发育成长过程中，因遗传、先天以及后天不良环境因素造成的偏离社会文化背景的行为模式。人格障碍就是人格异常，具有适应不良的性质，会使个体的身心健康受损，给个体带来痛苦，导致其社会适应性下降。人格障碍通常会妨碍个体正常的情感表达和意志活动，破坏其行为的目的性和统一性，给人一种奇怪的特异感，这种异常感在待人接物方面尤为突出。

人格障碍通常开始于童年、青少年或成年早期，部分人格障碍者在成年后症状会有所缓和，但严重的人格障碍将伴随人的一生。人格障碍有很多种类型，包括偏执型人格障碍、分裂样人格障碍、反社会型人格障碍、冲动型人格障碍、表演型人格障碍、强迫型人格障碍、焦虑型人格障碍、依赖型人格障碍等。

人格障碍大体上有两个成因。

第一，遗传因素。

研究发现，人格障碍者的脑电图异常比率高于正常人群，有人格障碍家族史的个体患有人格障碍的比率也明显高于其他人群。因此，遗传因素是人格障碍形成的一大原因。

第二，心理因素。

童年时候受到精神创伤对人格的发育有着重大的影响，也是形成人格障碍的主要因素。一个人如果具备迅速消除恐惧反应的自主神经系统，就会有迅速、强大和良好的习得性抑制能力。反之，如果一个人的自主神经系统反应迟钝，习得性抑制能力就会缓慢且软弱。人格障碍者的自主神经功能是异常的，所以童年创伤也是人格障碍形成的重要因素。

小智觉得自己的脑海中住着一位“暴君”，让他不自觉地想要发脾气，在和人起冲突时，他无法抑制自己诉诸暴力的冲动。

小智平时就是一个急躁易怒的人，他的自控力非常差，常常因为一点小事就和人吵起来。朋友们都觉得他像一只斗鸡一样，总是表现出很强的攻击性。小智处理事情也比较鲁莽，有时候和同事合作，他总是没有耐心听取别人的意见，结果总是把上司交办的任务搞砸。

有朋友劝小智收敛下自己的脾气，他却总是不以为然。有一次他和朋友在外面逛街，因为别人不小心撞了他一下，他就和人大打出手。最后闹到派出所，小智还赔了人家一笔医药费。朋友劝小智以后别这么冲动，自己逞一时之快，也占不了便宜。小智却不这么想，他觉得自己出了一口气，反而有一种轻松愉悦的满足感。

小智从来没为自己的冲动感到过真正的悔恨，这让他自己也觉得有些奇怪。后来有朋友对他说，他可能是冲动型人格障碍者，让他去寻求专业的帮助。小智虽然有些不情愿，但还是去看了心理医生。经过诊断，他确实患上了冲动型人格障碍。在医生的帮助下，小智开始了积极的治疗。

人格障碍无法自愈，只能寻求专业人士的帮助进行治疗，一般有以下两种治疗方式，我们可以了解一下。

1. 药物治疗。

虽然药物治疗很难改变人格结构，但针对症状服用少量药物对异常应激和情绪反应仍然是有帮助的。对人格障碍者而言，一般不主张长期服用药物，因为药物对人格障碍的远期效果还没有定论。

2. 心理治疗。

心理治疗可以帮助人格障碍者建立良好的行为模式，矫正不良习惯。虽然心理治疗不能直接改变患者的行为，但可以让患者尽量避免暴露在诱发不良行为的处境之中。比如，小智这种冲动型人格障碍者并非在任何场合都会出现攻击行为，找到激发异常行为的场合或因素对于处理和预防都有重要意义。

总体来说，正视自己的问题，适当地寻求他人的帮助，找专业的精神科医生都是治疗人格障碍的有效方法。同时，人格障碍者也要直面内心的黑暗，学会欣赏自己身上的闪光点，通过审视自己的问题，调整自己的行动，重新找回自己的生活。

回避型人格障碍：你为何如此害羞和自卑

回避型人格障碍者通常是容易害羞、自卑，并对负面评价极其敏感的一类人。这类人在童年时期就非常抗拒陌生人和陌生环境，成年后他们会变得更加敏感和自卑，认为自己在各方面都不够优秀，并且会因为担心被他人拒绝，而难以和他人建立亲密关系。

研究表明，回避型人格障碍的形成主要是由个体的成长环境造成的。认知学家认为，回避型人格障碍者早年的情感经历是造成其自卑的主要原因。如果一个人长期生活在一个被否定的环境中，童年时期充斥着被拒绝和边缘化的经历，如经常被父母训斥、贬低的话，这个人就会在成长过程中将这种屈辱的经历内化，形成消极的自我意向，认为自己不够优秀，不值得被爱。当个体经受了这种连续的失败和挫折的体验后，他就会对外部事物产生无力感，从而自暴自弃、丧失信心，最终表现为无法与他人建立亲密关系，也不相信自己会真正得到他人的爱。

在现实生活中，回避型障碍者都有一个错误的认知，他们认为连自己最亲近的父母都不喜欢自己，别人就更不会喜欢自己了。因而他们回避与其他人交流，他们害怕别人一旦深入了解自己，就会发现自己真的很差劲。当不得不与其他人交流时，回避型障碍者就会变得极其不自信和神经质，甚至会拼命讨好对方，以此来达到从对方那里收到好评的目的。而当他们从别人那里获得积极评价时，他们也不会沾沾自喜，反而会认为别人只是出于礼貌才给自己一个极高的评价，如果对方发现自己多么无能，就不会对自己感到满意了。

小茵是一个刚进入大学校园的女生，但是她并没有像其他同学一样因为进入大学而兴奋、高兴，反而感到有些苦恼。小茵有一个从小玩到大的朋友，两人高中时就商量好要读同一所大学，没想到朋友高考失利，只有小茵一个人考上了理想大学。小茵的朋友因为自己没考上好学校，和小茵的关系也淡了下来。有一次，朋友还说，以小茵的成绩能考上好大学完全是走了狗屎运。小茵听了这话备受打击，她觉得朋友没有说错，她本来就没什么能力，也不是特别聪明的孩子。

上了大学后，小茵更在意别人对自己的看法，她总是担心别人会发现自己是靠运气考进这所大学的。所以，小茵从来不参加任何社团活动，她害怕自己无法和别人沟通，怕自己能力不行，惹人笑话。她也不敢在课堂上发言，每次被老师点名回答问题时，她就紧张到声音发抖，害怕自己不能提出吸引别人的观点而遭到嘲笑。

小茵因为烦恼的问题太多，开始有了失眠的症状。她不敢向老师求助，只能一个人默默忍受，却越来越无法摆脱这种困扰。

回避型人格障碍主要是由认知上的低自尊带来的自卑感造成的，因为个体自我评价过低，所以在社交场合上害怕被批评或被拒绝。久而久之，他们在非社交场合也有了回避和行为抑制。那么，如何才能消除自卑，改善回避型人格障碍呢？

1. 消除自卑感，提高自我评价。

一个人会产生自卑感是因为他不能正确地认识自己，因此想要消除自卑心理，一方面，要善于发现自己的长处，肯定自己的优点。可以尝试着把自己的优点罗列出来，并在实践中把这些优点发挥出来。另一方面，当自己得到了别人的积极评价时，不要急着否定自己，而是要冷静分析别人的评价是否是客观的。当我们能够客观看待别人的评价时，就能提高自己的自信心，克服自卑感。

2. 走出导致自卑的环境。

如果你确实有无法克服的自卑情绪，那么就要努力走出让自己产生自卑的环境。比如，如果你身边有一个朋友总是否定你、贬低你，那么你就应该重新审视你们之间的关系，并尝试着和其他人建立一段更加积极的感情关系。当你有勇气离开一段让你总是感到自卑的环境时，你就会摆脱这种恶性循环，让自己变得积极乐观起来。

3. 进行积极的自我暗示。

建立自信要学会积极的自我暗示，包括自我鼓励，肯定自己的能力等。当你面临某种情况感到自信心不足时，不妨想一想自己成功的经历，并做出积极的应对方案，提高自己的成功概率。成功的体验多了就可以增强我们的自信心，也可以让我们更坦然地面对失败。

此外，不要过多地和他人进行比较。承认他人的出色能力，并不代表要否定自己。即使有些人在某些方面可能是你无法超越的，你也不应为此感到自卑，而是应该树立一个可实现的目标，在完成目标的过程中尽力完善自己。

分裂样人格障碍：扭曲的感知，怪异的思维

分裂样人格障碍是第一个因与精神分裂症的遗传学关系而被定义的人格障碍，其显著特征是患者的思维充满了猜疑和错觉，对社交活动感到无比焦虑。

分裂样人格障碍者在与他人交往时容易出现认知或知觉的歪曲体验，这种无所适从感会让他们表现出各种古怪的行为，严重时甚至会促使他们出现短暂的精神病性发作。这些怪异表现都是因为社交焦虑而产生的，主要临床表现如下。

第一，思维和语言奇特。

分裂样人格障碍患者的思维和言语模式都是非常奇特的，他们的思维较为松散，言语虽然是连贯的，但是通常叙述含糊，表达的信息琐碎，没有主题。部分分裂样人格障碍者的语言不是过分具体就是过分抽象，他们经常在具体的叙述中插入抽象的描述，使自己的整个表达变得混乱不堪。所以，分裂样人格障碍者只能谈论一些实时发生的事，无法和别人进行深入的探讨。

第二，不会表达情感。

分裂样人格障碍者的思维充满了猜疑和偏执，无法对别人产生信任，所以会在社交上表现出冷漠、孤僻、离群的特征。因为担心被羞辱或被拒绝，他们在面对社交活动时非常焦虑，很少能从中体验到快乐。

第三，行为怪异。

分裂样人格障碍者在行为上也有许多怪异之处，如他们经常不修边幅，整体穿着也不搭配，给人一种说不出的怪异感。这些表现和他们的怪异思维也脱不了关系。

第四，社交焦虑。

分裂样人格障碍者非常恐惧社交场合，尤其是参加不熟悉的社交活动时，他们会产生高度的紧张感，甚至会因为太过焦虑而无法与他人正常交往。他们的这种焦虑不会因为熟悉社交环境就得到缓解，即使多次与同一群人交往，他们的焦虑程度也不会比第一次减轻多少。

分裂样人格障碍的产生和患者的生长环境有很大关系，这类患者通常生活在一个冷漠的家庭环境里，他们的父母亲往往不会表达情感，在孩子眼里是情感冷淡的形象。在这种家庭环境中长大的孩子，从小就没学会和家长交流，所以他们长大后也不会和他人交流。他们在成长过程中，也许还遭遇过父母或兄弟姐妹的羞辱，导致他们很难对他人产生信任。所以，很多分裂样人格障碍者都有自卑、自我贬低、自我要求苛刻的行为，这也是他们难以建立有意义的人际关系的根源。

小固是一个不太会和人交流的男孩子，如果有人和他多说两句，他就会变得局促不安。有一次，他和同事出去办事，忽然遇到了陌生人问路，小固憋了半天也没说出话来，最后在同事惊讶的目光中头也不回地跑掉了。

一个月前，小固的公司组织了一次团建，他作为新入职的员工，自然是人事部关注的对象。团建的时候，小固的表现很差劲，每个游戏他都玩不好，他总是不知道怎么配合别人。人事经理以为他太紧张，就让他到一旁休息一会儿。这时，和他一起进公司的女同事递给他一瓶水，友好地和他闲聊了几句，小固花了很长时间才回应了她几句词不达意的话。女同事虽然觉得他有些奇怪，但是大家都不熟，她也没有多说什么。倒是小固在团建过去很长时间后，还是不敢和这位女同事大大方方地聊几句。

小固对自己的表现感到非常恐慌，他觉得自己已经丧失了社交能力。比较了解小固的朋友建议他去看看精神科医生，经过很长时间的考虑，小固接受了这个建议。

提高自尊能够帮助分裂样人格障碍者缓解自卑和社交障碍，帮助他们提高自我价值感，减轻孤独和抑郁的情绪。有研究表明，对分裂样人格障碍者进行6周的心理干预后，其自尊量表的评分较心理干预前会有显著提高。这说明恰当的心理干预可以减轻患者的心理负担，改善其情绪状态。

此外，技能训练和心理指导也可以提高分裂样人格障碍者的人际交往能力和社会适应能力，从而提高他们的价值感和积极的情感体验，增强他们的自信心和自尊心。

反社会型人格障碍：消失的愧疚和后悔之情

在各种类型的人格障碍者中，反社会型人格障碍者相对而言对社会的危害更大，所以备受心理学家、精神病学家甚至犯罪学家的重视。

反社会型人格障碍是一种漠视或侵犯他人权利的心理行为模式，当事人具有冲动性、易激惹性和高度攻击性等特点。反社会型人格障碍者具有反社会的人生观和道德观，与社会规范存在剧烈冲突，他们大多在童年时期或青少年时期就会出现各种品行问题。反社会型人格引发的违法犯罪行为也是最多的，他们的犯罪行为多表现出偏本能性和无意识性，犯罪类型也缺乏计划性和动机性，以暴力性犯罪居多，理智性犯罪较少。

冷酷无情是反社会型人格障碍者的核心特质，具有这种特质的人无法体会到负罪感，极端自私冷漠，有时候为了满足自身的需求可以不顾他人的利益，为所欲为。

冷酷无情的特质导致反社会行为的机制体现在以下几个方面。

1. 无法敏锐地处理负性情绪。

有研究表明，冷酷无情者对消极图片的反应大于其他类型的图片，这说明冷酷无情的特质与共情呈负相关关系。所以冷酷无情者在负性情绪的处理上存在缺陷，这也许是导致他们无法感受他人痛苦的根本原因，他们在犯下罪行时没有罪恶感，不会因为受害者的痛苦而停止攻击行为。

2. 对奖惩的信息识别异于常人。

冷酷无情者对奖惩信息的识别不如常人敏感，他们只会“趋利”，而不会“避害”。对惩罚信息的反应时间过长，导致他们更愿意寻求刺激，喜欢冒险，并常常选择用攻击行为来回应那些让自己感到不满的事，所以他们的行为总是与暴力有关。

3. 道德认知和道德情感发展滞后。

冷酷无情者的道德情感缺失，无法理解他人的道德行为，他们对不道德的行为不但不会感到厌恶，反而会感到兴奋和激动。冷酷无情者的道德认知和道德情感发展不平衡，也是反社会型人格障碍形成的重要原因之一。

反社会型人格障碍的形成和发展仍然和不健康的成长环境脱不了关系，他们的父母对孩子的行为规范通常和自身的角色设定不一致，孩子在这种养育方式下无法发展出正确的自我统合感，使他们形成了孤独、抑郁或有暴力倾向的个性，容易在受挫时选择攻击行为。比如，母亲过度溺爱孩子，而父亲却对孩子过度严厉，经常采用批评、体罚等方式教育孩子，在这种失衡的教育方式下，孩子就容易产生暴力倾向。

小闵在读书时就是个出了名的坏孩子，初中时她就学会了抽烟喝酒，动不动就集结一帮所谓的“小弟”和社会上的无业青年打群架。小闵的母亲身体不好，根本管不了她，能做的就是跟在她屁股后面赔偿医药费。小闵也看不上妈妈总是一副有气无力的样子，所以对母亲的溺爱从来没有愧疚感。小闵的父亲常年在外做生意，也没时间管教小闵。每次小闵惹事，父亲就狠狠地打她一顿。不论是母亲的溺爱也好，还是父亲的打骂也好，都没能让小闵有什么改变，反而随着年龄的增长，小闵的行为越来越过分。

读完高中，小闵就辍学跟着父亲学做生意去了。父亲做的是服装生意，小闵也没帮父亲什么忙，总是每天穿得花枝招展地出去玩。后来，父亲为了让小闵学着跑业务，便给小闵买了辆车，小闵从此喜欢上了飙车。有一次，她为了超车疯狂地加速，连闯了几个红灯，把人家的车追尾了才罢休。

然而，这次事故也没让小闵吸取什么教训，后来她和另一个女孩子抢男朋友，直接把对方的腿打断了，小闵也因故意伤害罪入狱。母亲内疚、自责，觉得自己没有教育好小闵，小闵却觉得无所谓，反正她还年轻，出来后有的是机会。

像小闵这种反社会型人格障碍者如果得不到有效治疗，症状就会越来越严重，甚至会影响终生。只有通过治疗，让他们建立可控感、信任感和安全感，重新感受到爱和关注才有可能治愈。

认知行为疗法可以在很大程度上改善反社会型人格障碍者对障碍本质的理解，弄清自己问题行为的所在，并通过认知功能来改善其道德及社会行为。同时，加强对反社会型人格障碍者的心理干预，实施健康教育，也可以帮助其改善自己对愤怒行为和刺激容忍的限度，对反社会型人格障碍的治疗具有明显的效果。

边缘型人格障碍：稳定的“不稳定”人格

边缘型人格障碍是介于神经症和精神病之间的临界状态，这种严重的人格障碍会导致当事人长期处于反复无常的心境和不稳定的行为中。边缘型人格障碍者主要有以下几种表现。

1. 害怕被抛弃。

边缘型人格障碍者对环境的变化非常敏感，他们害怕被抛弃，无法独处，即使面临的只是短暂的分离或临时的计划变更，他们也会产生被抛弃的恐惧，由此还会出现不恰当的愤怒情绪。他们觉得如果被遗弃那就意味着自己是不好的，是被嫌弃的，所以他们可能会做出疯狂的努力来避免被遗弃，如自残或自杀等冲动行为。

2. 人际关系紧张。

边缘型人格障碍者的人际关系通常都比较紧张且极其不稳定，他们容易对亲密关系中的对方进行理想化想象，并希望和对方长时间相处。如果对方的表现不符合他们的理想化想象，他们就有可能对对方进行贬低，觉得对方不够关心自己，或者不能“随叫随到”。他们在人际关系中表现出来的戏剧化变化也是他们人际关系紧张的根本原因。

3. 自我形象紊乱。

边缘型人格障碍者的自我认知会出现急剧变化，所以会对外呈现出一个不稳定的、紊乱的自我形象。这种变化表现在对职业、价值观和朋友类型的看法上，他们很有可能从一个帮助他人的角色忽然变成一个复仇者。

4. 存在自残和自杀行为。

边缘型人格障碍者存在反复的自残和自杀行为。因为边缘型人格障碍者经常在忧郁、焦虑或易怒的状态中摇摆不定，他们在承受分离或被拒绝时常常会选择自残或自杀的方式让对方产生罪恶感，从而给自己带来释然的感觉。

小达刚出生没多久父母就离婚了，母亲无力抚养她，离婚后就把小达送人了。5岁时，小达母亲的经济条件有所改善，又把小达带回了自己身边。小达因此出现了严重的分离焦虑，一直害怕再被母亲抛弃。

小达回到母亲身边没多久，母亲就再婚了。再婚后，母亲又生下两个孩子，小达还没来得及感受到母亲的爱，就有了弟弟妹妹的争宠。弟弟妹妹一直把小达当成外人，对她非常排斥，这让小达非常痛苦。

小达在青春期时一直没交到什么好朋友，因为她对朋友的控制欲太强，一旦她发现朋友除了自己还有别的朋友，她就会情绪低落，大吵大闹，让朋友和别人绝交。时间长了，大家都知道小达性格古怪也就没人敢和她交朋友了。

上大学时，小达交了一个男朋友，她对这个男友非常依赖，恨不得让男友时刻陪在自己身边。如果男友因为忙没有及时回她的信息，她就会用自残的方式来威胁男友。后来，男友忍受不了小达的歇斯底里，决定和她分手，小达在刺激之下选择用自杀来挽回男友。小达的过激行为并没有挽回男友，而她却因为无法继续学业，所以休学了。小达休学后，情况越来越糟糕，最后只好在母亲的陪伴下开始寻求心理治疗。

亲子沟通失调、童年期创伤是边缘型人格障碍形成的主要原因，如果母亲在婴儿共生期与婴儿互动不当，在婴儿需要温暖慰藉时将婴儿推开，或打断婴儿的快乐活动，使婴儿不能在“个人独立”与“和重要他人产生关联”间维持良好的平衡，就有可能使儿童停滞在自闭期和共生期之间，无法发展出自我效能感且无法与人建立依恋关系。无法与人建立亲密关系而产生的“不确定感”会让个体害怕孤独，害怕被遗弃，无法独处，继而发展成边缘型人格障碍。

边缘型人格障碍者的分离焦虑通常来自与看护者的依附障碍，所以，如果可以改善亲子关系，改善个体的成长环境就可以做到边缘性人格障碍的早期预防。

婴儿的分离与个体化的过程也是逐渐探索世界的过程，他们将爬行着离开母亲，在远离母亲时与环境形成关系。这时，如果主要照顾者可以考虑到婴儿的需求，给予婴儿及时的关爱，就会让彼此形成持久的情感联结，有了这样的安全依附关系，婴儿自然会健康成长，远离边缘型人格障碍。

自恋型人格障碍：爱上自己的“水仙花少年”

自恋型人格障碍者，顾名思义，指的是那些过于自我中心主义，对自己过分重视、习惯于夸大自我价值，却对他人持漠视态度的人。

自恋（narcissism）这个词，在英语中本是水仙花（narcissus）的意思，它也是希腊神话中的一个人物的名字。纳西索斯是一个非常美貌的少年，他本可以拥有世界上最美好的爱情，却偏偏爱上了自己在湖中的倒影。他日复一日地驻留在湖边，寸步不离地欣赏着自己的倒影，最终憔悴而死，化为湖边的一枝水仙花。

心理学家在描述“自恋型人格障碍”时常常会援引这个故事，将夸大自恋的人称为爱上自己的“水仙花少年”。

23岁的小姜是某大学的大四学生，他身材比较矮小，身高不足1.68米，长相可以用“其貌不扬”来形容，家庭条件一般，在班上的成绩也不突出，但他极度自恋，常常对自己有很多不切实际的判断。

他平时爱写诗歌，有一篇在校报上发表过，因此他常以“才子”“青年诗人”自居，觉得班里的男生毫无文采，根本比不上自己，所以不屑与他们交往。有时，有男生与他打招呼，他却觉得对方什么都不懂，不想和对方深入交谈。时间长了，他在男生眼中成了一个孤僻的“怪人”，大家都会默默地远离他。

而在女生那里，小姜又遇到了另外一种难题。不知从何时起，他发现班里的很多女同学都对自己有“倾慕之心”，其实对方不过是偶尔将座位让给了他，或是在路上相遇时对他微笑了一下，他却觉得这是女孩在向自己“示爱”。

他为此感到非常“为难”，因为他不知道该选择接受哪个女孩的“爱意”，如果他接受了其中的某一个，其他女孩就会受到“伤害”，这是他不忍心看到的事情……为了这件“麻烦事”，他非常苦恼，却不知道该怎么解决……

非常显然，案例中的小姜具有严重的自恋型人格障碍。根据《精神障碍诊断与统计手册》，自恋型人格障碍者主要表现出以下几点症状。

1. 具有自我重要性的夸大感（例如，夸大成就和才能，在没有相应成就时却盼望被认为是优胜者）。

2. 幻想无限的成功、权利、才华、美丽或理想爱情的先占观念。

3. 认为自己是特殊的和独特的，只能被其他特殊的或地位高的人（或机构）所理解，或与之交往。

4. 要求过度的赞美。

5. 有一种权利感（即不合理地期望被特殊优待或别人自动顺从他的期望）。

6. 在人际关系上剥削他人（即为了达到自己的目的而利用别人）。

7. 缺乏共情，不愿识别或认同他人的感受和需求。

8. 常常妒忌他人，或认为他人妒忌自己。

9. 表现为高傲、傲慢的行为或态度。

一般上述症状出现了五项以上，即可诊断为自恋型人格障碍。对照小姜的情况，我们会发现他至少表现出了“夸大成就和才能”“幻想才华、爱情”“认为自己是特殊的”“要求过度赞美”“行为或态度高傲、傲慢”这几点症状，因此可以判断他确实属于自恋型人格障碍者。

在现实生活中，我们会发现自恋型人格障碍者还有“低自尊”的问题，他们会特别在乎他人的评价，一旦遭到批评，就会感到非常愤怒和羞耻，但他们又会用刻意的冷淡来掩饰自己内心激烈的反应。

那么，自恋型人格障碍是如何形成的呢？心理学家为此进行了大量研究，总结出了以下几点原因。

1. 婴儿期的需求没能获得满足。

自体心理学派创始人海因兹·科胡特认为自恋型人格可以追溯到婴儿时期，婴儿在需求得不到满足时会大哭大闹，这就是一种自体自大、夸大的倾向。养育者如果一直不能及时响应并满足婴儿的需求，婴儿的大脑会产生一种补偿性的自恋幻想，有可能导致自恋人格的形成。

2. 亲子关系造成的影响。

在与父母相处的过程中，过早体验到人际关系的挫折，如与父母长期分离，得不到父母的关爱和照顾；或是父母长期不和，以及父母教育态度过于粗暴、严苛等，都会让自恋者觉得“爱自己”才是安全的、理所应当的。

当然，也有一种自恋者生活在过分宠溺的家庭环境中，父母给予了他们无微不至的爱，使他们变得唯我独尊、不可一世。走出家庭后，他们仍然会把自己当成一切关系的中心，完全不懂得尊重别人，表现得非常自恋。

3. 在成长过程中缺乏同伴的支持。

在成长过程中，不能与同龄人建立亲密关系，无法交流心事、分享感受，也会让自恋者将关注的重心集中在自己身上，对他人却日渐缺乏同理心和应有的关怀。

4. 自身价值感失衡。

对于自身“价值感”的错误认知也会引起极度的自恋。比如，有的自恋者认为自己的过去没有价值，没有得到别人的重视，因此他们会不顾一切地寻求认可；而另一些自恋者则认为自己是世界上最珍贵、最独特的人，必须得到更多的关注。

如果你身边存在这样的自恋者，该如何与他们和谐相处呢？

首先，心理学家建议你可以尝试接受他们的不同，但不要试图让他们按照你设想的方向做出改变，因为这几乎是“不可能完成的任务”。其次，你需要正确看待自恋者种种过分的表现，不必为之耿耿于怀。因为他们的行为并不是针对你个人，而是为了掩饰他们内心的不安全感。再次，你不必强求自恋者的内疚和歉意。临床心理学家阿尔·贝恩斯坦指出：“就像其他人的感受一样，有些事情自恋者很少考虑。”所以浪费时间与自恋者争论对与错是没有意义的，如果你不得不和他们密切合作，就要做好充足的心理准备，并要提醒自己多关注事实和想法，而不是自己的情绪。最后，在和自恋者相处时，你还需要设定好应有的“界限”，并要始终保护好这些“界限”，不要在自恋者面前轻易退缩。

如果自恋者的言语、行为使你感到不舒服、不快乐，你需要坦诚地与他们交流，使他们认识到你的“界限”所在，有助于避免反复受到他们的伤害。

当然，你要是在自己身上发现了自恋型人格障碍的“苗头”，也要注意做好自我调适，避免让这种人格障碍影响到正常的人际交往。为此，你应当做好以下两点。

第一，摆脱自我中心主义。

自我中心主义是自恋型人格障碍者最主要的特征。根据瑞士心理学家皮亚杰的研究，自我中心主义的倾向从婴儿阶段就已经出现了：18 个月以前的婴儿把所感知和体验到的外界事物都与自己的身体、动作关联起来，仿佛自己就是一切的中心，这被称为“无意识的自我中心主义”。进入幼儿期后，有意识的自我中心主义逐渐出现，幼儿会从自己的经验和角度去认识事物，却不大理会别人的意见。

自恋型人格障碍者身上的很多问题与此类似，想要进行调适，就要注意客观地观察自己，发现并纠正自己身上那些婴儿化、幼儿化的自我中心主义行为。比如，总是渴望获得持久的关注与赞美，一旦得不到他人的注意就会采取偏激的行为；总是喜欢安排别人做事；对别人拥有的东西分外觊觎；等等。

你需要经常提醒自己这些行为是非常幼稚的，同时还可以邀请亲人、朋友帮忙监督自己，一旦发现你表现出了自我中心主义的行为，就可以督促你及时改正。

第二，从“自恋”转向“爱人”。

在纠正自我中心主义的同时，你还需要学会对他人付出爱。

著名心理学家弗洛姆指出，幼儿的爱遵循“我爱因为我被爱”的原则；成人的爱遵循“我被爱因为我爱”的原则；不成熟的爱认为“我爱你因为我需要你”；成熟的爱认为“我需要你因为我爱你”。

非常显然，自恋者的爱是一种幼儿式的、不成熟的爱，需要有意识地进行纠正，变被动接受他人的爱为主动施与爱，这样才能得到他人爱的回应，能够让亲情、友情、爱情更加稳固，同时在与他人和谐相处，享受每一段亲密关系的时候，自恋的问题也会逐渐减轻。

偏执型人格障碍：臆想中的敌人

偏执型人格障碍的主要表现有敏感多疑，容易嫉妒，这类人往往心胸狭隘，常常把别人没有恶意的言行解读为对自己的敌意。他们人生的关键词是“不信任”，他们在大多数情况下都会怀疑、警惕他人的动机，即使是公认的忠厚可靠的人在他们眼里也是不值得信任的。

这类人有时会自命不凡，他们不愿承认自己的不足，反而认为自己是正直的、高贵的、脆弱的，因此更容易受到他人的不公平对待。所以，他们经常把过错归结于他人，认为是别人的狡诈、伪善、别有用心才导致自己出错。因为担心自己会被别人攻击、伤害，所以他们总是处于过于警惕的状态，并对周围的人表现出一种敌视的态度。有这种病态人格的人通常人际关系都十分糟糕，因为看待问题的角度都是过于主观片面的，他们的家庭关系也往往是不和睦的，他们的偏执使得自己经常对伴侣疑神疑鬼，从而导致家庭不和。他们在外也不能与朋友、同事融洽相处，最终导致自己长期生活在一种臆想的敌视环境中。

偏执型人格障碍者的自我诊断可以参考以下几点，但具体的诊断还需要咨询专业人员。

1. 是否存在广泛猜疑，将他人非恶意的，甚至友好的行为误解为敌意？

2. 是否在没有足够依据的情况下，怀疑自己被他人利用或伤害，因此产生过分的警惕和防卫心理？

3. 是否容易产生病态妒忌心理？

4. 是否过分自负，认为自己总是正确的，而将失败和挫折归咎于他人？

5. 是否心胸狭隘，容易嫉恨，不能宽容对待他人的过错？

6. 是否固执地追求不够合理的权利或利益？

7. 是否忽视不符合自己认知的客观证据，固执地坚持自己的想法？

森森是一个敏感多疑的女孩，经常觉得身边的人总是针对自己，就连一起长大的闺密她都不是完全信任。有一次，她和朋友发生了冲突，便向闺密抱怨了一下，闺密出于好心劝了她几句，她就觉得闺密没有站在自己这边，跟自己不是一条心。因为这件事，她甚至开始疏远闺密，两人的来往也渐渐少了。

森森在恋爱上也没有什么安全感，她总是觉得男人都是善于骗人的，所以她单身了好久才在同事的介绍下找到了一个理想的男友。男友一开始对她温柔体贴，让她十分满意，她也自认为找到了如意郎君。然而，确立恋爱关系没多久，森森的疑心病就越来越重，总是怀疑男友和别人暧昧不清，每天都要多次给男友打电话确认他的行踪。一旦发现男友和其他女性接触，森森就会发脾气。为此，两个人经常吵架，森森又会反过来变本加厉地监视男友。没多久，男友因为实在无法忍受森森的疑心病而提出了分手。森森失恋后没有反思自己的行为，反而觉得是给自己介绍男朋友的同事不安好心，故意把这种花心的男人介绍给自己。同事知道她的想法后非常不高兴，表示以后再也不多管闲事了。

森森在工作上也不是很顺心，她觉得自己的工作完不成都是因为同事进度慢，拖累了自己。而且同事在办公室里讨论事情，她就觉得人家是故意大声喧哗影响她工作。她还经常怀疑同事为了攀高踩低，在上司面前告她的状。但是，这些事都只是她的臆想而已，她也没有什么实质的证据证明同事真的是在针对她。森森因为这些莫须有的事情，长期以来都对别人怀有敌意，变得越来越敏感多疑、善于嫉妒。

偏执型人格障碍者都是早期缺爱或后天遭受连续的打击造成的，他们需要寻求专业的治疗才能解决根本问题。偏执型人格障碍者需要了解自己的心理动态，特别是对自己压抑的欲望和隐蔽的动机有所领悟，从而促进自我性格的成熟。那么，偏执型人格障碍者如何改善自己的问题呢?

1. 认知提高法。

偏执型人格障碍者需要了解其自身人格障碍的性质、特点、危害性及纠正方法，自觉自愿地产生要求改变自身人格缺陷的愿望。

2. 交友训练法。

家人要多鼓励偏执型人格障碍者积极地进行交友活动，并在社交中学会信任别人，主动给予朋友各种帮助，学会向外界释放善意。

3. 敌意纠正训练法。

想要纠正自己对外界的敌意首先要明白一个道理，只有尊重他人，才能得到别人的尊重。尊重他人也是消除自己敌意的第一步。此外，要在生活中学会忍让和保持耐心，只有这样才能让自己变成一个更加宽容而成熟的人。

依赖型人格障碍：失落在“走不出的围城”

依赖型人格障碍是很常见的一种人格障碍，它可以说是一切人格障碍的雏形。这种人格障碍又被称为被动型人格障碍，是一种严重缺乏独立性，过分依赖、顺从别人的人格障碍。

患有依赖型人格障碍的人缺乏日常生活的基本技能，无法承担成年人的各种责任，不能独立决策，常常显得没有主见。他们对亲密关系极度渴望，非常依赖别人，以至于宁愿放弃自己的真正需求，把被依赖者的需求放在第一位。不过，这种依赖的渴求是非理性的，对他们而言是一种盲目的依赖行为，并非出自真情实感。他们会因为这种渴望，对被依赖者表现出宽宏大量的一面，但这种渴望也让他们变得过于小心和顺从。

童年时期的依赖需求没有得到满足是依赖型人格障碍的主要成因，如果父母过分溺爱孩子，不给他们独立的机会，孩子就会对父母产生依赖心理，使得他们在成年后也不能独立生活。这就导致个体的“心理哺乳期”不断延长，有的人甚至会进入“终生心理哺乳”的状态，一辈子都缺乏自信心，依赖他人替自己做决定，始终无法承担起各种责任，最终形成依赖型人格障碍。

小米是刚入学的大一新生，和室友们第一次见面时，她正坐在床上吃零食，她的妈妈在忙着帮她铺被子。小米说自己从来没出过远门，她来这里上学还是父母一起开车送她过来的，因为父母怕她不会坐火车，半路把自己弄丢了。按理说，小米已经18岁了，应该可以独立生活了，但是她连袜子都是妈妈帮她洗的。室友们都很好奇，等她父母走了，她自己该怎么生活。

开学后，小米才知道独立生活有多难，她不会洗衣服，经常找不到教室，甚至连食堂在哪儿都搞不清楚。她因为焦虑，经常失眠，后来甚至影响到正常的学习和生活。老师察觉到小米的异样就找她了解情况，小米哭着对老师说，她一天也待不下去了，经常梦到自己的爸爸妈妈，想马上回到爸爸妈妈的身边。

老师开导了小米几句，带她去看了学校的心理医生。小米看过医生后，情况稍微有所好转，可是到了周末，她看到本地的室友都回了家，自己又伤心起来。小米因为太想家，甚至萌生了退学的想法，她觉得自己只要能回到爸爸妈妈身边，能不能读书也无所谓。

后来，小米的情况越来越严重，老师通知了她的父母。小米的父母给她办了休学，让她在家里休息一段时间。小米休学后再也不愿意去学校了，父母没有办法只好带她去看了心理医生。

依赖型人格障碍的主要治疗方法是心理治疗，重点是终止患者的依赖行为模式，主要有以下两种方法。

1. 改变依赖习惯。

要让依赖型人格障碍者意识到自己的错误认知和依赖行为，明白依赖行为只能让自己暂时获利，长久下来对自己的成长是不利的。具体要分辨出他们的行为中哪些是依赖别人的，哪些是自己决定的，然后让依赖型人格障碍者每天做记录，改掉那些依赖别人的做法，培养自主意识。

2. 重建个体自信。

要帮个体重建自信可以鼓励他们去做一些具有冒险性的事，每周做一项即可。比如，独自一人去远足，或者独自去参加一场聚会，锻炼自己的独立能力。依赖型人格障碍者也可以给自己设定一个“独立日”，在这一天中，无论发生什么事情，都强迫自己做决定而不去依赖他人。通过做这些事情，依赖型人格障碍者可以增加自信心，逐步改变依赖他人的习惯。

强迫型人格障碍：过度追求完美，反而离完美更远

强迫型人格障碍也称为强迫固执性格，多出现于成功男性中。这种类型的人格障碍者对自己的要求很严格，他们时刻关注自己的行为举止是否正确得当，给人的感觉特别死板，缺乏灵活性。强迫型人格障碍者的具体行为表现有以下三个方面。

第一，缺乏安全感。

强迫型人格障碍者的内心缺乏安全感，经常处于莫名其妙的紧张和焦虑之中。他们害怕犯错误，做事经常犹豫不决，最常见的就是反复检查一件事，如门有没有锁好、信息有没有填对等。

第二，思虑过多，害怕别人质疑。

强迫型人格障碍者长期思虑过多，对自己做的事总是没把握，害怕别人提出质疑。这导致他们在情感上常常出现焦虑、紧张、悔恨的情绪，能放松的时

候不多。

第三，循规蹈矩，不知变通。

强迫型人格障碍者喜欢循规蹈矩，还常用完美的高标准要求自己，同时又墨守成规。面对突如其来的事情，他们容易变得不知所措，对新事物的接受速度也慢，容易给人留下刻板、僵硬、不知变通的印象。

强迫型人格障碍多在个体幼年时期形成，大部分是因为父母管教过于严厉、苛刻造成的。父母对孩子的高要求使得孩子养成了小心拘谨的性格，他们生怕做错事而受到父母的惩罚，所以做事前容易思虑过多，优柔寡断，慢慢就形成了经常性的紧张、焦虑。

有研究表明，强迫型人格障碍也和遗传有关，如果家庭成员中出现过强迫型人格障碍者，其亲属患强迫型人格障碍的概率就比其他出身正常家庭的人要高。而且，强迫型人格障碍者如果受到了强烈的刺激或持续的精神压力，还容易导致强迫性神经症。

小也的家庭条件一般，父母都在城里打工。他在家里排行老大，下面还有一个弟弟和一个妹妹。小也从小就聪明懂事，是父母的希望，父母一直对小也的要求很高，希望他将来能考上名牌大学，找到一份好工作。小也知道父母工作很辛苦，所以对自己的要求一直都很严格，在学习上更是刻苦，害怕浪费一点时间。小也的成绩一直在班里名列前茅，还长期担任着班干部，很受老师的喜欢。

有一次，小也破天荒地考到了年级第一名，父亲为了奖励他，省吃俭用给他买了一块价值不菲的手表。小也总害怕把表弄丢了，一直检查自己的手表还在不在。一次出早操的时候，小也发现自己的手表不见了，就一直沿着操场寻找。他找了一个早上也没找到，就在他要急哭了的时候，同学跑过来告诉他，手表被他忘在寝室里了。

后来，小也一直担心手表的事，竟连成绩都有所下降。老师找小也谈话，小也的情况才有点改善，但是他再也不敢戴那块手表，而是把手表好好地收了起来。

上了大学后，小也的强迫症越来越严重，他总是反复检查电灯开关，出门时还要反复查看门是否关好了，他还会反复检查书包里的东西是否还在。

之后，小也在医生的指导下治疗了一段时间，稍微能克制自己的强迫想法和行为。

强迫型人格障碍不仅可以用药物治疗，还可以在日常生活中尝试以下两种方法进行适当缓解。

1. 去理智化，顺其自然。

强迫型人格障碍者的主要问题就是喜欢把冲突理智化，因此才过分压抑自己，严格控制自己的行为。纠正强迫型人格障碍最有效的方式是顺其自然，放松自己的精神。比如，无论自己担心什么事都让它顺其自然，如果门没有关好就让它没关好，桌子没擦干净就让它不干净……熬过最初的焦虑情绪后，强迫型人格障碍者就可以通过这样的训练改善自己的强迫行为。

2. 瞅准时机，棒喝自己。

强迫型人格障碍者过分执着于规矩，对生活中的变化感到无所适从。如果他们不改变自己按教条办事的习惯，就无法改变自己的强迫症状。要改变这种状况，可以通过生活中的独特事件，给自己带来新的观念和解决问题的新思路、新方法，以起到“当头棒喝”的作用。比如，当自己不信任别人，不想把事情交给别人去办时，就可以对自己大声说一句“当断则断”，然后不给自己犹豫的时间，迅速把工作交接给别人。这种棒喝的时刻慢慢地就会成为改变自己的关键时刻。

表演型人格障碍：装腔作势的自我中心主义

表演型人格障碍是一种过度情绪化，并追求他人注意的人格障碍。表演型人格障碍者的主要表现是情绪外露，表情夸张，喜怒哀乐都挂在脸上。他们情绪多变，易受暗示，而且以自我为中心，不大考虑别人的利益，更愿意获得别人的同情和怜悯。表演型人格障碍还会导致人们思维肤浅，不习惯于逻辑思维，显得天真幼稚。

表演型人格障碍者因为急需得到别人的认可，所以经常会通过夸张的言行和装扮来企图获得更多人的关注。这一类人性格比较外向，大多数场合下都表现得比较亢奋、活泼，看起来像个社交达人。但是他们在社交中之所以表现良好，并不是因为他们热爱社交，而是希望自己成为大众的焦点。而且他们很容易受到外界的影响，有时一点小小的失败和挫折就可以击垮他们，有些人甚至会因为一次打击就变得一蹶不振，需要很长时间来恢复。

因为易受挫折，表演型人格障碍者在职场上、生活中都会遇到很多困难，他们无法交到真心的朋友，在工作上也不容易适应外部环境，经常出现频繁跳槽的现象。

表演型人格障碍有以下几个特征。

一是表现力强。表演型人格障碍者的表现力大多比较强，他们有着较好的艺术表现能力，擅长做一些过分夸张的表情和动作，而且演技逼真，有极强的情绪感染力。

二是喜欢幻想。表演型人格障碍者喜欢幻想，经常把想象当成现实。当现实中缺乏足够的刺激时，他们便会利用幻想来激发自己内心的情绪体验。

三是装腔作势。表演型人格障碍者非常喜欢感情用事，他们在生活中十分热情，但是情绪不够稳定，容易出现激情失衡。由于情绪反应过度，他们常常给人一种装腔作势的感觉。

四是任性妄为。表演型人格障碍者经常任性妄为，他们有时会运用多种交际手段强迫别人满足自己的要求。

五是高度的自我中心。表演型人格障碍者虽然喜欢引起他人的注意，但是他们在本质上还是以自我为中心。他们只有对一切都感到满意时才会觉得开心，否则就会改为攻击他人。

小真是一个长袖善舞、左右逢源的人，有她在的场合总是充满了戏剧化。她会照顾每个人的情绪，主动活跃气氛，并且喜欢为大家讲述各种各样的新鲜故事。小真每次讲故事时都像一个站在舞台中央的专业演员，她的夸张动作和表情立刻能吸引在场的每一个人。

小真的朋友都很羡慕她，觉得她从来没有社交方面的烦恼，无论是多么不熟悉的社交场合，小真都能很快地吸引每个人的注意力。刚认识小真的朋友都觉得她开朗大方，风情万种，是值得交往的有趣朋友。

小真也常常觉得自己是有魅力的、外向的，有能力获得他人关注的人。但实际上，小真并没有几个知心朋友，她的恋爱也因为自己装腔作势而屡屡受挫。对她来说，与人熟络、建立友谊是一件很容易的事，但是想长期建立一个稳定的亲密关系就太难了。她对无聊的容忍力极低，因此她只能不断地寻找新的情景与刺激。

表演型人格障碍要到 18 周岁以后才能做出确切的诊断，这种人格障碍一旦形成就很难彻底改变。表演型人格障碍者可以尝试以下几种方法，来改善自己紧张的人际关系。

1. 学会正确表达自己的欲望。

学会正确表达自己的欲望，是表演型人格障碍者改变自己的第一步。只有正确地认识和表达自己的欲望，才能让他们放弃自己强烈的表演欲望，用正常的节奏和方式与别人沟通。

2. 合理地认识自己的欲望。

合理的欲望是每个人的正常需求，不必因为自己渴望被爱，渴望被尊重而感到羞愧。学会大胆地表达自己的渴望和需要，并通过自己的力量去获得，比费心取悦他人更能获得高自尊感。

3. 把自尊建立在自己的价值之上。

表演型人格障碍者之所以有那么强烈的表达欲望是因为他们常常把自尊建立在别人的认可之上，而非自己的真实价值之上。如果他们能够认清自己的真实价值，就不会再浪费时间，取悦别人。

冲动型人格障碍：情绪不稳的施暴者

冲动型人格障碍是一种因微小精神刺激就突然爆发强烈而难以控制的愤怒情绪，并伴有冲动行为的人格障碍。这类人格障碍者早在个体童年时就有所表现，他们的情感反馈和行为的暴烈程度与精神刺激完全不相称，他们有时甚至会因为一件微不足道的小事就受到精神刺激，从而突然爆发自己都无法控制的暴力行为。

冲动型人格障碍者的爆发时长不定，有时只需几分钟，他们就能平静下来，有时则会持续几小时，并会造成严重的伤害或财产损失。冲动型人格障碍者在事后也常感到后悔和自责，但这种内疚情绪并不能防止他们再次发作。

冲动型人格障碍形成的原因有以下几种。

一是片面的角色认同和攻击性。冲动型人格障碍在男性中发病率较高，尤其是进入青春期的男孩更容易对男子汉这个角色产生片面的理解。他们只强调男子汉的刚毅果断、富有力量，并善于攻击、有仇必报的特征，因此在异性面前会表现出较强的攻击性，借此证明自己是一个男子汉。

二是自卑心理与暴力补偿。每个人或多或少都会因为各种先天或后天的原因产生自卑心理，对于冲动型人格障碍者来说，他们对自卑心理的补偿行为就是冲动、好斗，动不动就表现出较强的攻击性。

冲动型人格障碍者可以思考一下，自己是否具有以下特征。

1. 有肯定的不可预测和不考虑后果的行为倾向。

2. 不能控制自己的行为爆发。

3. 性格易怒，易与他人发生争吵或冲突，特别是在自己的行为受阻或受到批评时。

4. 情绪不可预测，尤其易爆发愤怒的情绪和暴力的行为。

5. 生活无目的，或做事缺乏坚持性。

6. 人际关系不稳定，没有持久交往的朋友，要么与人关系极好，要么与人关系极坏。

7. 有自伤、自残行为。

小成从小就是一个暴躁易怒的孩子，有时候妈妈随口批评了他一句，他就会大吵大闹，甚至摔自己的玩具以发泄愤怒的情绪。小成的父母虽然注意到了小成的坏脾气，但是他们觉得小孩子偶尔发脾气不是什么严重的事，所以并没有及时纠正他。

长大后，小成发现自己变得更加易怒，经常因为一些莫名其妙的小事发火。

因为他暴躁的脾气，小成交往了几个女友都很快分手了。最近，小成追到了自己喜欢了很久的女生，他决定改一改自己的坏脾气，不能再随便发火把人吓跑了。

虽然小成下定了决心，却还是控制不了自己的脾气，他因为太在乎现在的女朋友，所以总是要求女友事无巨细地向他汇报。女友一旦表现出不高兴的样子，小成就会瞬间爆发，开始摔东西发泄自己的怒气。有一次，女友实在受不了他的坏脾气就提出了分手，没想到小成一怒之下竟打了女友一个巴掌。事后，小成无比后悔，甚至下跪向女友道歉。但是女友被小成吓坏了，坚决要求分手。小成又一次暴跳如雷，女友被他吓得直接报了警。小成被警察教育一番后，终于认识到了自己的错误。之后，小成想要改掉自己易怒的坏毛病，却不知如何下手，最后只能去寻求专业的治疗。

冲动型人格障碍者可以通过以下方法缓解自己的问题。

1. 独立反省，完善自我。

冲动型人格障碍者要正确认识自己的心理问题，提高自身涵养，养成大事化小、小事化了的思维习惯。培养自己适度容忍他人的能力，避免产生攻击行为，从而达到独立反省，完善自我的目的。

2. 正确对待挫折。

冲动型人格障碍者要养成正确的挫折观，让他们认识到受挫是正常的。在受挫时，找到受挫折的原因并加以分析，总结经验，可以减少自己的挫败感。争取改变自己一遇挫折就采取攻击行为的习惯，冲动型人格障碍者可以通过各种手段培养自己的承受能力，把攻击的能量转移到学习、工作上来。

3. 使用补偿手段。

冲动型人格障碍者受挫后，最好可以用另一种可能成功的目标来补偿代替，并且通过这个过程获得集体或他人对自己的认可，从而获得心理上的快慰感。

CHAPTER 07

第七章

塑造自我，激发人格的强大能量

开启改变之路：每个人都有选择

大多数人都以为，随着年龄和阅历的增长，我们自然而然会变得越来越优秀，并不需要特意去改变什么。事实并非如此，如果你不能像心理学家荣格所说的将自己的无意识意识化，你就无法真正地主导自己的生活。所以改变是一个主动的选择，而不是被动的等待。

每个人的心中或许都有两个自我，一个是感性的自我，另一个是理性的自我，理智和感性共同发力才能为我们的人生提供正确的方向。而改变正是理性和感性共同驱使我们做出的选择，如当我们不喜欢现在的工作，却不敢轻易换工作的时候，我们是否需要去改变现状呢？感性上，也许我们一时走不出自己的舒适圈，不敢尝试新的挑战，但是理性上，我们明白换工作才是最好的选择。理性构想的好处会让我们勇于尝试，当我们迈开第一步后，情感的力量将成为理性选择的支撑，理性选择带来的好处将被情感强化，让我们更加肯定自己做出的改变。

改变是需要勇气的，我们面对现状的心理惯性和惰性会让我们排斥改变，只有维持现状才能让我们的心理结构达到平衡和稳定。这时，我们需要做的就是面对内心真实的恐惧和冲动，改变自己的思维方式，走出自己的舒适圈，获得新经验，迎接真正的改变。

小西是一个看上去特别乖巧的女孩，她大学毕业后就听从父母的安排，回到老家，进了一家国企工作。小西在单位里做的是行政工作，大部分时间就是整理档案、写会议材料。原本小西对自己的工作还挺满意的，觉得自己的工作不忙，还很稳定，日子过得很安逸。但是自从来了一个新主管之后，小西就生活在了高压之下。这个主管为人严厉，对各种工作的要求都很高，有时候小西修改了几遍的材料他都不满意，非要让小西改到他满意为止。

小西开始加班，对着一点文书材料改来改去。她渐渐觉得自己的工作不仅没有价值，还让自己非常不开心，于是萌生了辞职的念头。小西和同学聊了聊，同学也支持她辞职，并建议她先去考一个项目管理资格证书。

小西报完名，认真准备了考试，等打印了准考证，她才发现自己的城市居然没有考点，还要跑到别的城市去考，瞬间她就想放弃了。后来，小西和同学抱怨了一通，考试也没去参加。同学觉得小西太容易放弃了，就说了小西两句。小西觉得这不是自己的问题，还和同学发了通火。

后来，小西冷静下来，渐渐觉得是自己不对。考试的城市不是很远，她提前一天过去也就不会耽误考试了。可是她觉得自己复习得不是很好，就用考点太远的借口放弃了。小西反思过后，发现自己逃避现实，安于现状的缺点太明显了，自己还一副理所当然的样子。她这时才认识到，生活并不像她常常说的那样别无选择，她只是不想做出改变而已。想通了这一点后，小西向同学道了歉，并暗暗下定决心，明年一定好好备考，无论遇到什么困难，她都要把资格证考下来。

意识到自己有选择是我们做出改变的关键一步，选择能让我们重拾掌控感和自我力量，这对于改变来说是至关重要的。有时候，我们无法做出改变，不是不知道方法，而是觉得自己没有选择。为什么我们会这么想呢？

有一个原因是我们对选择有一个误解，以为只有理想的选择才算有选择，如果自己面临的选项不够好，那就是没有选择。然而，选择有很多种，你可以选择换一个生活环境，也可以选择原地不动，只是改变自己当下的行为。比如，你有一份不是很理想的工作，那么对你来说，跳槽是一种选择，在目前的岗位上提升自己也是一种选择。所以，即使你目前没有能力跳槽，只能安于现状，那也不代表你没有选择，至少你可以改变自己的行为。

我们做出改变的第一步就是专注于当下能做的事，把注意力放在自己可以做出的选择上。事实上，如果我们专注于眼前能做的选择，并选择一条适合自己的路，那么我们就会有一个好的开始。要记住，脚下可行的一小步也许会是将来的一大步，这一小步也是自我发展的良好开始。

检验人生假设：看清自我限制的规则

生活中，我们对自己的每个行为都有一个重要结果假设。这些假设左右了我们的行为选择，辨识出那些内心的假设是促使我们做出改变的第一步。很多时候我们都会把这些假设错认为是一种常识，并不能认清这些假设的本质。当我们能够辨认出自己内心的假设时，我们不需要特意去做什么，就会因为这种认识而让自己产生一些改变。这些假设被辨认出的那一刻，我们会有一种恍然大悟的感觉，原来很多事情的结果都是我们假设的，而不是真实发生的。

比如，你认为只有讨好别人才能维持良好的人际关系，这就是一种假设。事实并非如此，你的讨好也许只会让别人看轻你，反而不愿与你深交。这个结果就是假设与事实的差距。

检验人生假设的前提是，先看清自己心中的假设。而想要看清自己的人生假设，我们可以从以下三个步骤做起。

第一，问自己，那些与目标相反的行为，是否能够给自己带来好处，能带来哪些好处？

第二，问自己，如果选择不一样的行为，最坏的结果是什么？

第三，问自己，为什么觉得不做改变是有好处的？如果没有这些好处，故步自封还有什么可怕后果？

如果你按照这个步骤，认真地思考了这三个问题，你就会发现一切固有的观念都不过是自己内心的假设而已。我们有的时候不愿做出改变，本质上也是为了保护自己的某些假设而已。改变意味着新的行为选择，当新行为打破了我们内心的假设后，我们就会发现新的天地，产生新的领悟，获得新的经验。

所以，改变的本质是打破原有的假设，进行新的探索。当你去做一件自己从未做过的事时，你就会发现在自己内心的假设之外还有一个新的世界。

小卷觉得自己是讨好型人格者，因为她从不敢主动与人发生冲突，她觉得如果自己拒绝了别人的要求，就会失去别人的友谊。有一段时间，她因为接到了太多同事甩过来的工作而变得怨气很重，总是和朋友抱怨同事抢她的功劳，还让她背黑锅。朋友劝她学着拒绝，她又害怕如果自己真的拒绝了会给同事留下一个不好的印象。

有一次，一个同事弄丢了小卷的策划案，还在会上公开甩锅给小卷，这让小卷彻底爆发了。同事的不负责任不仅让小卷挨了领导的骂，还被扣了好几百块钱的绩效工资。冲动之下，小卷找到那位同事好好理论了一番。同事看着大发雷霆的小卷有些惊讶，半天没说出什么话来。小卷以为同事会和她翻脸，没想到同事非但没说什么，还找了一下午把弄丢的那份策划案还给了小卷。

这次事后，小卷发现，原来和人理论也没有那么可怕，只要道理在自己这边，别人也不敢说她什么。之后，小卷就开始慢慢改变自己，在和同事合作时她不再为自己的行为预设结果，而是理性分析利弊后再确定对同事提出的要求是该接受还是该拒绝。

同时，小卷也看到了，当她直接表达了自己的意愿后，别人并没有对她感到不满，也没有和她起什么严重的冲突，反而变得更加重视她的想法。她从中得到了一个新的领悟，如果自己觉得重要的东西，就需要努力去争取，而不是在背后抱怨。

后来，不论同事什么态度，她都会坚持自己的想法，因为她知道只有认真对待自己的意见，别人才会认真对待你，如果你不能坚持维护自己的权益，别人就会把责任推卸给你。所以，当小卷想要抱怨的时候，她都会理一理自己是不是有什么需求没有直接表达，是不是坚持了自己的意见。

小卷就是打破了自己心里固有的假设才迈出了改变自己的第一步，可见改变的本质就是通过做不一样的事，获得新的经验和新的感悟。

所以，打破人生假设，做出改变的关键就是去做“不一样的事”。所谓“不一样的事”就是违背自己内心的假设，选择另一种行为模式。当新的行为模式给我们带来不一样的结果时，改变就发生了。

如果我们还想做出进一步的改变，我们就要像做试验一样，有针对性地设计一些新行为，测试这些行为背后的假设是否正确。通过这些行为，我们才能验证这些假设对不对，什么时候成立，什么时候不成立。多次试验之后，我们就会发现新的行为能给我们带来什么样的改变。我们可以参考这些试验结果，逐步向着好的方向改变自己。

自我强化：建立持续更新的“动态系统”

自我强化是心理学家罗伯特·班杜拉的自我效能理论之一，指的是个体依据强化原理合理安排自己的活动，当自己达到一个目标后就给予自己一点奖励，直到最终目标完成。自我强化的目的是促使人们向自我满意的方向发展，改正自己的陋习。

自我强化的本质是做出改变，而改变的本质是通过新行为创建新经验，获得新反馈，让自己真正实现新的强化，并切身体验到它。如果个体没有在行为上做出改变，那么自我强化就只能存在于想象中，没有新行为带来的新经验，自我强化就很难发生。

每个人在成长过程中都形成了应对环境的固有方式，这种固有方式就是我们的心理舒适区。改变就是要走出自己的心理舒适区，改变应对困难的方式，只有做到这一步才是真正迈出了改变的第一步。我们应对困难的方式，或者说应对外界的方式包括两方面：一是行为上的应对，二是情绪上的应对。只有从这两方面着手改变，我们才能做到自我强化，建立持续更新的“动态系统”。

实际上，一个人通常是根据熟悉的应对方式来构建现在的生活。所以，心理舒适区能带给我们的最大好处就是掌控感，对生活的掌控也是我们安全感的来源。我们离开心理舒适区就会失去安全感，感到危险、焦虑，这也是我们难以摆脱旧经验，接纳新经验的关键原因。

小雅毕业于一所985大学，毕业后她进入了梦寐以求的知名互联网公司上班。公司的规模很大，薪水高待遇也很好，但是有着互联网公司的通病，那就是非常忙。小雅刚毕业就加入了“996”大军，开始进入了黑白颠倒的高强度工作模式。

小雅原本是一个爱美的女孩子，自从工作后，她就忙得连逛街买衣服的时间都没有了。本来小雅就和男友勉强维持着一段岌岌可危的异地恋爱关系，而忙碌的工作彻底结束了她和男友的恋情，让她成了一名单身人士。工作带来的麻烦让她感到苦不堪言，她经常向朋友抱怨说工作压力太大，把她的身体都搞垮了。上次体检时，小雅就查出了神经衰弱，健康问题成了压垮小雅的最后一根稻草，她时刻都想辞职。

但是，小雅痛下了几次决心都没勇气辞掉如此高薪的工作。有朋友看到小雅如此痛苦地继续干这份让她倍感压力的工作时，就问她为什么不换一份相对轻松的工作。小雅说，她担心自己的下一份工作还是会这么辛苦，到时候要是自己无法适应新环境，那还不如不辞职。

小雅总是想等一个最好的机会，给自己勇气，让自己做出改变，可事实是，她没有做出改变的决心，就永远等不到合适的机会。所以，没有办法做出改变的小雅只能继续干着让自己痛苦的工作，打心底认为自己别无选择，只能安于现状。

其实，很多人都和小雅一样，因为没有做到自我强化，所以总想等待最佳的改变时机出现才有勇气改变现状。实际上，从来没有什么合适的改变时机，想不想做出改变的关键在于自己有没有建立持续更新的“动态系统”。

我们可以把自我意识看成一个不断变化的动态系统，一方面，外部环境可以塑造自我意识这个动态系统；另一方面，自我意识可以通过自我引导、自我变化，不断更新。所以，自我意识是在客观与主观因素相互影响下而形成的不断自我强化的产物。

成为更好的自己就是一个不断自我突破与强化的过程。在这个过程中，以前的“我”不断被新的“我”替代，自我意识这个动态系统也就一直保持在一个持续更新的状态。

如果想建立一个持续更新的动态系统，我们可以通过广泛的阅读和学习来完成，阅读和学习可以使我们接触到更多的信息，帮助我们筛选出最有效的信息，并借助这些信息指导自己的行为。

同时，有效的交际也是学习方法的一种，比如在有条件的情况下，多和优秀的人交往，学习他们高明的想法和理念，以此更换掉自己原本的陈腐观念。而最好的自我强化的方式则是让自己投入激烈的竞争中，通过身体力行的实践，在复杂的环境中提高自己的能力。

自我这个动态系统有比较强的可塑性，我们随时随地都可以更新这个系统。如果我们能持之以恒，不断地学习新知识，通过实践收获新经验，那么就可以建立一个持续更新的动态系统，让我们慢慢变成最好的自己。

给自己修筑一条“心理缓冲带”

心理学家乔治·伊万诺维奇·葛吉夫提出过一个“心理缓冲带”的概念，他认为人的“心理缓冲带”就相当于心理防御机制，人们可以把自己性格上的缺陷隐藏在这个缓冲系统中，让我们无法认清自己性格中的真实力量。

每个人的心理缓冲带都是自己精心设计的，这个缓冲带的作用就像火车上的缓冲器为了减少车厢间的摩擦碰撞一样，是用来装置人们自身存在的各种矛盾的，如观念的矛盾、感觉的矛盾、言语的矛盾和行为的矛盾等。

葛吉夫认为，人的心理缓冲带能够减少人们自身存在的各种矛盾的摩擦，让生活变得更加简单。但是，我们自身存在的各种矛盾和摩擦对我们个人的成长是有帮助的，如果我们完全依赖自己的心理缓冲带就会被带入一种被催眠的状态中，我们的行为就会变得机械化，无法分辨出我们的性格类型是如何影响我们对现实世界的认识的。

所以，过分依赖心理缓冲带就会让我们无法认识到真正的自己，如果我们需要从自己的观点、情感和言语的矛盾冲突中获得成长，就不能过分依赖“心理缓冲带”。

小杭是一个可爱的女孩子，认识她的人从没见她和人起过冲突。每当与人有意见分歧时，她也总是笑一笑，扮个可爱的鬼脸就混过去了。但别人不知道的是，小杭的压力还是挺大的。小杭的家庭条件不好，家里只有她一个独生女，她一直希望自己能在工作的城市买栋房子，然后把爸妈接过来住。在巨大的经济压力下，小杭只能拼命工作，希望靠自己的努力早点攒够买房子的首付。

虽然小杭的压力很大，但她给人的感觉却是个不谙世事的小女孩，与人交往时总是一副可爱呆萌的样子，让人不忍欺负她。其实，小杭知道，可爱只是她的面具而已，没有人能帮她分担生活的压力，她只能通过不成熟的行为反应把自己当成小孩子一样宠宠自己。

有一次，小杭加班到很晚才回去，可是半路上项目总监一个电话又把她叫回了公司。原来是项目策划书的一项预算做错了，需要小杭过去修改。这天正好是小杭的生日，她骑着电动车往公司赶的时候忽然有些难过，就一边骑车一边委屈。半路上，她不小心撞到了路边的花坛上，干脆就坐在地上哭了起来。

路人慢慢围了上来，都关心小杭摔到了没有。小杭只哭着说，今天是自己的生日，蛋糕都没吃到。有人把她扶了起来，不停地安慰她。不一会儿，有人递给小杭一个小蛋糕。小杭看着那个小蛋糕，忽然没有那么难过了，她和人道了谢，骑上电动车回公司了。

其实小杭的可爱就是她的心理缓冲带，只要还有扮可爱的勇气，她就有信心面对生活中的各种压力。

对于职场中的人来说，如何建立一个心理缓冲带，避免自己因为压力太大而导致情绪崩溃，是我们最需要学习的。在这里教大家几招给自己增加一个缓冲带。

1. 学会倾诉。

学会倾诉才能够让自己的情绪得到缓冲，有时说出自己的问题，承受的压力也会减少很多。而且和自己相熟的人倾诉苦衷，还可以得到对方的建议，可以一起商议问题的解决办法。尝试着迈出第一步，当我们向他人倾诉了第一句后，也许就在互相的沟通中找到了舒缓压力的办法。因此，当自己感受到巨大的压力，并且无法缓解时，我们要及时找人倾诉，甚至可以寻求专业的心理咨询。

2. 疏解压力前，多做准备。

所谓“凡事预则立，不预则废”，我们遇到压力时，就要多做准备才更有把握解决问题。多做准备可以帮助我们分析出压力产生的根本原因，也可以预见压力对自己产生的种种影响。然后，根据自己预见和了解的问题，制订出几种解决方案。

因此，疏解压力也要合理安排时间，为可能的变化做好心理准备，这样就不至于在突发情况出现时感到手忙脚乱。

3. 采用积极的应对方式。

一般来说，采用积极的应对方式才是直面问题的最好方法，因为压力的根源被清除了，疏解压力的方法就起作用了。但有时候，人们并不一定会在第一时间找到有效的办法来消除压力源，在这种情况下，积极的应对方式就可以缓和个体对压力的感受。比如，积极应对压力后，我们就可以查找到真正的压力源，对压力有一个正确的认识，让问题看起来不像最初那么严重，从而缓解焦虑的感觉。

总之，坚强的意志力是缓解压力的最好助手，在面对压力时，我们要积极应对，主动解决问题以调适自己的心理状态，而不是选择逃避、退缩，用错误的方法压抑自己的情绪。

激发“直觉”，从习惯思维和感觉中跳出

直觉俗称“第六感”，是通过潜意识激发出来的感觉和情绪。直觉思维是一种抽象思维，具有非逻辑性、跳跃性的特点，是一种直接把握事物本质和规律的高度浓缩的思维。直觉思维是创造性思维的重要组成部分，体现了人们的领悟力和创造力，在艺术创造和科学研究中具有不可忽视的重要意义。

在我们的生活、学习中，直觉起到的作用主要有以下几个方面。

1. 提高思维效率。

直觉思维简单直白，可以有效提高思维效率，尤其是在紧急情况下，人的思考时间有限，直觉思维可以直达事物本质，直接给出处理方法，节省思考时间。

2. 突破思维定式。

直觉思维是跳跃的、发散的、非逻辑性的，它不倚重严密的逻辑判断，其认知结构更具有独创性和原创性，能有效地突破思维定式。培养和激发直觉思维，更有利于发明和创造。

3. 有利于对事物进行整体把握。

直觉不对事件的细节进行具体分析，而是对事件的整体进行洞察和判断，对科学研究来说，直觉思维可以从看似一团乱麻的问题中发现实质所在，防止思维结果出现重大偏差。

直觉思维需要人们调动自己的全部知识经验，进行丰富的想象加工后，迅速而敏锐地做出假设、猜想和判断，所以，直觉思维并不是盲目的，而是建立在人们对事物本质规律的准确把握之上的。因此，培养直觉思维，就要注重平时的知识经验积累，提高认知水平，加强思维锻炼能力，只有这样才能在短时间内更全面、系统、客观地认识和判断事物。

小丸子毕业后找了一份活动策划的工作，她思维活跃，经常会冒出一些新点子，所以很快就通过实习期，成了一名正式员工。小丸子的部门经理在业界很有名气，很多优秀的策划案都是他完成的，小丸子跟着这位经理学到了不少东西。

转正后，小丸子就接到了一个项目，客户是一个车企，要求他们做一个新款汽车品鉴会的策划案。小丸子接到任务后，仔细查阅了相关资料，在弄清楚了客户的想法后，就做了方案交了上去。客户对她的方案还比较满意，只是对活动场地不是很满意。

接到这个反馈后，小丸子把活动场地从酒店改到了一个美术馆。当她把这个想法告诉经理时，却被经理否定了。经理觉得车企虽然不缺钱，但是美术馆对他们来说也太枯燥了。

小丸子一时也想不出更好的地点，就和经理一起坐在会议室里冥思苦想，希望能有一个灵感出现。小丸子放空了自己，脑中忽然冒出了一个地点，那就是寺庙。经理听到她这个想法觉得很荒唐，哪有人在寺庙搞活动的?

小丸子却相信自己的直觉，她说服经理把修改后的方案交给了客户。没想到，客户看到后非常满意，当即拍板定了下来。经理觉得有些不可思议，问小丸子到底是怎么想到这个点子的。

小丸子解释说，她当时也是灵光一闪，忽然冒出了这个念头。不过，她选寺庙也有自己的理由，她觉得这些客户要的是一种精神上的享受，他们平时那么忙，活动这天不如让他们“静一静”。那最清净的地方，就非寺庙莫属了。确定了这个地点后，小丸子就开始收集各种活动，之后的方案很顺利地通过了。可以说，她的这个方案还要归功于她的直觉和灵感呢。

直觉思维对我们思考问题的帮助很大，但是随着年龄的增长，我们的思维被训练得条理清晰，富有逻辑，反而把自己的直觉本能地隐藏了起来。不过，人的直觉就像人体的肌肉一样，只要通过训练就可以不断强化，再次回到良好的状态。下面介绍一些提高直觉能力的简单方法。

1. 简单冥想。

冥想可以让我们抛开杂乱的思绪，放缓思考的步伐，把注意力放在直觉上。我们可以在周末时点上烛台，坐在软垫上，闭上双眼，试着放空自己，培养自己的直觉，增强感官功能。

2. 自我创造。

我们还可以通过一些创作活动提高直觉，如写作、绘画等。我们在创作时就是在表达自己的内心，当我们能够听到自己心里的声音时，直觉也会得到发展，让我们感受到自我的存在。

时时不忘的注意力训练

人的性格形成后，也就形成了属于自身性格框架的世界观，我们只会对支持自己世界观的信息感到敏感，注意力也有了倾向性。一个人如果能做到自我观察的话，那么他就能清楚地描绘出自己的注意力被吸引的方向，这种关注同时又决定了我们的性格类型。

注意力是指人的心理活动指向和集中于某种事物的能力，注意力训练可以帮助我们把自己的注意力从思维习惯中跳出来，更好地发挥作用。更准确地说，注意力训练可以把我们从一个具有个人偏见的世界观中释放出来，意识到自己的思维还存在一种潜在的直觉感应。

注意力是提高工作效率的关键，当我们专注于某件事情时，必然会忽略其他的事情，这样才能让自己有精力去完成剩下来的事情，自然可以提高我们做事的效率。

那么问题来了，究竟是什么原因让我们无法集中注意力呢？

1. 分不清轻重缓急。

大多数人无法集中注意力，主要还是因为自己在面临多任务时，分不清轻重缓急而造成的。其实我们的大脑很容易做到注意力集中，大多数人只要心态健康，避免分心，就能够把注意力集中在一件事上。尤其是一件事情即将到达最后期限时，你很容易就可以做出一个决定，那就是把注意力全部放在这件快到期的事情上。可见，一件事如果忽然变得紧迫起来，你就会变成一个很好的抉择者，从而只专注地去做这一件事情。

但是，通常我们需要处理的任务并不会自动按轻重缓急排列出来，所以，当我们不愿意花时间去思考选择专注于哪一件事情时，我们就会陷入多任务处理的忙乱状态中。

2. 对多任务处理的误解。

从技术层面上来说，一个人是能够同时做两件事的，比如很多人喜欢在工作的时候听音乐，或者在做家务的时候看电视。但是，我们能同时做两件事并不代表我们可以同时专注于这两件事。就像我们集中精力在工作上的时候，可能就注意不到自己听的是什么音乐了，而我们集中精力做家务的时候，电视里播放的节目也只是个背景音乐而已。

所以，多任务处理其实在很大程度上只是我们的一个误解，我们进行多任务处理时很难同时把焦点放在两项任务上，最多也就是让大脑快速地把焦点从一项任务切换到另一项任务上。也就是说，在任何一个瞬间，我们都只能专注于一个事物，处理多任务时，我们的注意力也在做选择。所以，自以为高效的多任务处理，因为注意力难以集中的问题，其实反而是个浪费时间的工作方式。

小清是一家动漫公司的行政助理，她负责的主要是产品开发的辅助工作。她每天的工作都很忙，因为她的工作内容太烦琐了，既要跟进产品策划案，还要盯着执行进度，有时候还要负责联系各大厂家，询问打样进度，进行合作确认等。

小清工作了一段时间后，觉得自己的脑子越来越糊涂了，注意力也越来越无法集中。为了缓解工作压力，她在业余时间里就常刷刷微博，看看抖音，可是这些消遣反而让她的注意力更加无法集中。后来，为了提高自己的工作效率，减少加班的次数，小清开始尝试多任务并行的工作方法。她发现自己同时处理的工作确实多了，但不是忘了这个，就是忘了那个。有一次，她接到客户电话让她把邮箱发过去，结果放下电话就把这事给忘了，为此她还被主管狠狠地批评了一顿。

小清在焦头烂额中觉得自己还是不能太贪心，应该专注于一项工作上，然后再慢慢地完成一天的任务。尝试了这个方法后，小清发现自己的工作效率竟然意外地提高了，因为她专注于一件事情就可以把这件事做得很好，减少了返工的次数，无形中提高了自己的工作效率。

发现了这件事后，小清也不迷信什么多任务处理了，开始踏踏实实认真地完成每项工作。平时，她也有意识地开始训练自己的注意力，注意力提高后，小清觉得自己的工作反而没有以前那么累了。

既然多任务处理并不能让我们更好地提高效率，我们就应该训练自己的注意力，只专注于一件事情。那么，我们该如何训练自己的注意力呢？

1. 学会管理精力。

我们要学会管理自己的精力，在一天最有精力的时间里去全神贯注做一些思考性强的东西，比如做策划案、制订项目计划等。当我们学会了管理自己的精力时，我们就会明白自己的注意力应该放在哪项任务上了。

2. 衡量结果而不是过程。

衡量过程会分散我们的注意力，因为过程中的反馈不一定全是正面的，遇到负面反馈时，我们就容易怀疑自己的目标是否正确。这会导致我们焦虑不安，无法静下心来做事情，所以我们要改变自己去衡量结果。把注意力专注于结果才能让自己始终专注于重要的事，而自动忽略那些无关紧要的事。

唤醒潜藏力量，找回“自我效能感”

1977 年，加拿大心理学家罗伯特·班杜拉在其所著的《自我效能：关于行为变化的综合理论》一书中提出了自我效能的概念。自我效能感是指人们对自我能力的判断，是个体判断自己能否在特定领域充分展现自己才能的一种信念。

班杜拉之后，有学者将自我效能感的概念扩大化，认为自我效能感是一种综合性的理论机制，可以用来预测和解释个体的行为和心理变化。这个理论跳出了班杜拉所说的特定领域概念，认为不同领域的任务需要不同的能力，所以个体可能只在某个领域有较高的信心，而在另一领域就没有那么强的信心了。

班杜拉及前人的多项研究表明，自我效能感是受以下因素影响的。

1. 直接经验。

直接经验是个体亲身经历所获得的真实体验，可以最直观地反映个体的能力。直接经验对个体的自我效能感影响也是最大的，一般来说，个体的成功经验越多，自我效能感就越高；失败的经验越多，自我效能感就越低。

2. 替代经验。

替代经验是个体通过观察或模仿他人的直接经验而获得的，是个体判断自己能力的一种参考。当个体发现自己与观察或模仿对象的行为高度一致时，个体就会认定自己与观察对象有着相近的能力，个体的自我效能感也会随之提高。替代经验相比直接经验而言，并不是个人能力评价的直接信息源，而只是一种评估参考。

3. 言语说服。

言语说服是影响个体行为的一个重要因素，说服可以引导个体相信自己解决问题的能力，以此来提高自我效能感。言语说服能否起作用在于它是不是切合实际的，如果说服的言语真实可信，那么提升个体自我效能感的作用就大。如果劝说者是具有权威、地位、专长的人，那么言语说服就能大大提高个体的自我效能感。相反，如果说服的言语是缺乏事实依据的，个体就不会因为别人的劝说提升自我效能感。

4. 情绪和生理状态。

当个体处于强烈的负面情绪和生理状态时，个体就会质疑自身的能力，形成较低的自我效能感。相反，积极的情绪和生理状态可以大大提高个体的自我效能感。不过，个体的发展是一个不断适应新环境的动态过程，所以情绪和生理状态对个体效能感的影响是暂时的，个体会在不断更新的环境中，重新评估自身的能力。

小枝是一个不喜欢尝试新事物的女孩子，她对自己的能力一点自信都没有。小的时候，小枝就是一个不太出色的孩子，那时小枝的同学都学习了一两个特长，只有小枝学习了一天舞蹈就放弃了。

长大后，小枝觉得自己除了细心一点也没别的什么优点了。工作后，小枝兢兢业业地干着一份文案工作。小枝因为对自己的能力不自信，所以不敢挑剔太多，觉得有份工作就不错了。虽然小枝对自己不自信，但主管对她的评价很高，觉得小枝平时喜欢阅读，做出的文案总是充满了创意。

有一次，客户对公司提交的文案不满意，打回来让小枝部门修改。主管带着下属加了一晚上班也没改出让客户满意的方案。最后，主管派小枝过去和客户对接，嘱咐她一定要弄明白客户的意思。

小枝觉得自己的能力不行，不敢接这个任务。主管却对小枝说，她创意很多，领悟力又强，与客户沟通的效果肯定比其他组员强。小枝听了主管的评价终于有了点自信，最后果然把客户的意思搞明白了。后来，小枝出了一个文案，客户非常满意，还专门向主管表扬了她。

这次之后，小枝慢慢有了自信，她觉得自己的学习能力也变强了，以前了解过的知识都在工作中派上了用场。小枝变得自信后，能力也明显提高了。

自我效能感是一个人对自我的信赖，对每个人而言都极其重要，它对个体人格的影响有以下几个方面。

第一，自我效能感影响人们的行为选择。大量研究结果显示，自我效能感低会降低个人的自信心，让人不敢面对生活中的挑战，甚至将挑战看作一种威胁，在面临挑战时采取回避的态度。

第二，自我效能感在很大程度上影响着人们努力的程度。当一个人在某项工作上的自我效能感比较高时，他就会变得更加努力，而如果他在做某项工作时的效能较低时，他就会拒绝付出太多的努力。

解开关系束缚，塑造坚韧强大的人格力量

所谓自我束缚和人的自动化思维有关，当我们遇到一件事后大脑中自动产生的想法、画面和联想等都属于自动化思维的产物。人的自动化思维往往与情绪、事件密不可分，如果仔细辨认自动化思维反映出的信息，就可以发现自己潜意识里对一些事的隐秘态度。

自动化思维反映了个体潜意识里的乐观或悲观的态度，如果一个人积攒了太多悲观的情绪，那么他的内心就早已为自己设定了一个消极的“自我实现的预言”。因为这个预言，个体会更容易关注消极和悲观的东西。当他遇到一件事情时，他心中首先升起的就是悲观的念头，他所能联想到的也是一些消极的事情。这种情况下，即使个体注意到了一些积极的信息，但这些信息并不能引起他的共鸣，相反，他只能注意到那些悲观的信息，为自己下一个悲观的“自我实现的预言”。

自动化思维就是这样非理性的，促使人们根据自己有限的人生经验推导出乐观或悲观的结论，再将这些结论延伸到自己人生的各个阶段中。更让人沮丧的是，我们会不自觉地固守这些结论，如果我们发现事情的发展偏离了结论的方向，我们还会努力将事情重新拉回到结论的这个方向上来。这个结论既是“自我实现的预言”，也是一种束缚，我们的人生态度都受其影响。

如果“自我实现的预言”是积极、乐观的，那么我们的人生观就是积极、乐观的，在遭遇挫折时，我们就会努力将事情向积极的方向推进。相反，如果我们的“自我实现的预言”是消极、悲观的，那么我们就会用消极、悲观的态度应对一切人生难题。

小全是个思虑过多的男孩子，他总是容易从一件事联想到另一件事，而且很多时候还会下一个悲观的结论。小全的女友经常因为他的联想思维和他发生争执，因为女友每次有自己的活动或聚会时，小全就怀疑女友是不是去认识新朋友了。因为小全的上一段恋爱就是女友劈腿才导致两人分手的，这让小全对现任女友也有些不信任。

有一个周末，小全约好了女友要一起吃饭，当他正想着如何安排节目时，女友给他打了个电话，说几个朋友约在周末聚会，让他一起过来。

小全满口答应，却在心里嘀咕起来，他不知道女友什么时候又认识了新朋友，那些朋友里是不是有比他优秀很多的人。小全一边沮丧，一边又觉得，女友果然更喜欢和自己的朋友在一起，连周末的时间也不愿和他单独度过。

他想象着女友和朋友们有说有笑的画面，顿时失去了赴约的兴趣。然后，小全又想起这种情况不是一次两次了，女友好像特别喜欢先答应朋友的聚会，再把他叫过去。联想到前几次类似的经历，小全越想越生气，直接打电话和女友说自己有事不去了。

小全的这些想法和回忆，都是在接到女友电话后的自动化思维，他也是因为有过被别人背叛的经历才对恋爱抱有悲观的看法。只不过小全并没有意识到这一点，他不知道自己的自动化思维已经让自己陷入了一种悲观的怪圈中，和他思维相伴的永远是沮丧和愤怒的情绪，这只会让他的恋爱越来越不顺利。

我们如何才能摆脱自动化思维的束缚呢？首先就是要识别它们，然后让负面思维与情绪之间建立起距离感。以下两个方法可以帮助我们识别出自动化思维。

1. 识别被情绪掩盖的念头。

人的情绪往往是从念头中酝酿出来的，情绪比念头要慢得多，所以识别出情绪中的念头才能辨认出理性思维下自己真正的想法是什么。我们可以尝试着把自己的念头写下来，然后分辨出哪一个念头才是自己真正的想法。

2. 练习正念呼吸。

正念呼吸可以逐渐培养个体专注与觉察的习惯，拥有更为平和的心态。正念呼吸就是以一种正襟危坐的姿势，保持后背直立，先让自己慢慢稳定下来，再逐渐把注意力放在呼吸上，觉察整个呼吸的过程。然后，再慢慢把注意力往上提，把观呼吸作为一个背景，去关注自己脑海里出现的念头。正念呼吸可以提升我们对自己的内心想法、画面、回忆的觉察能力，让人更容易识别自动化思维。

以上做法的目的是找出隐藏在自己情绪背后的念头，当我们识别出自己的念头后，接下来就可以用认知行为疗法来分析这些念头，方法包括以下几种。

1. 寻找支撑念头的证据。

如果你因为一件事冒出了一个悲观的念头，那么就应该去寻找支撑这个念头的事实依据。比如，小全觉得女友不喜欢陪自己，更喜欢和朋友聚会，那么小全就应该找出支撑自己这个观点的依据。比如，女友是不是总会选择和朋友一起玩，如果女友只是一两次选择陪朋友，又很热情地把小全介绍给自己的朋友，那么小全的念头就是没有证据支撑的。

2. 分析自己的念头是否还有别的解释。

当自己的念头冒出来后要仔细分析一下，自己的念头是否还有别的解释。比如，小全的女友如果是因为朋友的生日才去参加聚会，那么女友的选择就是正常的。而且女友和朋友聚会时并没有丢下小全不管，所以小全认为女友喜欢陪朋友的念头是不成立的。

3. 思考自动化思维的影响。

假如小全能够意识到自己的念头是被自动化思维影响了，也许就不会对自己的这段恋情抱有悲观的念头了。当小全总是怀疑女友不喜欢和自己在一起时，就会让自己和女友的关系不断地出现冲突和矛盾。小全这时应该做的是让自己认识到这种想法的产生是可以解决的，如找机会和女友沟通，确认女友真正的想法是什么。

4. 换位思考，理解对方行为背后的真正含义。

换位思考，理解对方行为背后的真正含义，可以从第三方的视角来审视自己，这种视角本身就能缓解情绪的压力。

总之，我们对自动化思维的识别、评估和干预是一种非常好的自我探索、自我疗愈的方法，它既可以让我们增加对自己的认识，还可以让我们从消极情绪中走出来，塑造强大的人格力量。

图书在版编目（CIP）数据

实用人格心理学入门 / 周晴著 .—北京：中国法制出版社，2021.7
ISBN 978-7-5216-1928-7

Ⅰ. ①实… Ⅱ. ①周… Ⅲ. ① 人格心理学 Ⅳ. ① B848

中国版本图书馆 CIP 数据核字（2021）第 110473 号

责任编辑：陈晓冉（chenxiaoran 2003@126.com） 封面设计：周黎明

实用人格心理学入门
SHIYONG RENGE XINLIXUE RUMEN

著者 / 周 晴
经销 / 新华书店
印刷 / 北京海纳百川印刷有限公司
开本 / 710 毫米 ×1000 毫米 16 开 印张 / 12.5 字数 / 167 千
版次 / 2021 年 7 月第 1 版 2021 年 7 月第 1 次印刷

中国法制出版社出版
书号 ISBN 978-7-5216-1928-7 定价：39.80 元

值班电话：010-66026508
北京西单横二条 2 号 邮政编码 100031 传真：010-66031119
网址：http://www.zgfzs.com **编辑部电话：010-66071900**
市场营销部电话：010-66033393 **邮购部电话：010-66033288**
（如有印装质量问题，请与本社印务部联系调换。电话：010-66032926）